爆品設計法則

How to Build Products that Create Change

START AT THE END

微軟行為科學家的產品思維與設計流程

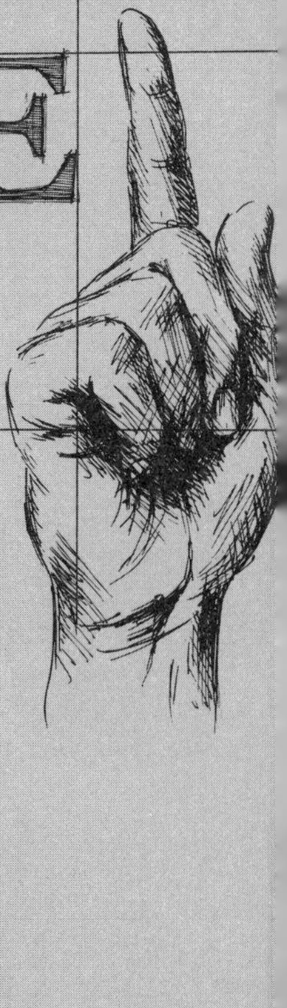

每一個成功的產品和服務，
都改變了消費者的行為模式！

Matt Wallaert
麥特・華勒特

吳慕書——譯

Contents

目錄

〈推薦序〉產品經理如何看待消費者行為的改變／夏松明 008

〈推薦序〉結合產品設計與行為改變的科學方法／張修齊 015

致謝 022

前言 028

第一部 行為改變的基礎 045

第一章 介入設計歷程 046

二〇一二年我進入微軟工作，是全公司第一位行為科學家，其中一項要進行研究的產品就是搜尋引擎必應（Bing）。我們發現兒童在學校裡上網搜尋的程度很低，似乎不太尋常。我和微軟團隊開始測繪鼓勵或阻卻孩子搜尋的壓力。某位行銷部的同仁認為「好奇心」是關鍵，準備投入數百萬美元打廣告。但我們很快就驗證得知，學生的好奇心沒有問題，抑制學生搜尋的壓力是老師……

無論出現了什麼潛在的深刻見解，你都不該單純地假設它是對的。一旦潛在的深刻見解浮現，就必須驗證。此時，我追求的是讓不同來源的證據支持相同的結論。就像要打造一張桌子，你會想要多釘幾根桌腳，並盡可能讓它們分開，好讓結論站得住腳。

介入成功或失敗取決於我們如何界定行為目標。如果想得到的結果是煮印度咖哩，一桌看似泰式咖哩的菜餚便是失敗到家。但如果目標是讓人們歡聚，印度式或泰式就無關緊要了。行為改變是介入歷程的核心，我們若想成功，就要清楚表達我們想要實現的行為結果。

促發壓力讓行為更有可能發生，抑制壓力則使行為不太可能發生，而我們的實際作為就是由這些力量的淨額決定。因此我們需要測繪那些壓力——它們造成我們實際擁有與渴望擁有之間的差距——這樣才會知道我們需要改變什麼。實際上這就是本書的獨門醬汁，因為每當我們談到設計行為改變，實際上就是在談改變壓力，它們會決定行為，而非直接改變行為。

即使你擁有所有的深刻見解、壓力和研究，但是到頭來無法全都加以試驗，因此必須判斷實際上要試驗哪些介入機制。雖然不能試驗一切，但也不該只試一項。介入篩選不是為了推動

第二部 進階行為改變 185

第九章 提示、調節、中介 186

身分認同是最強大的壓力，而啟動身分認同最常見的技巧是「提示」（priming）：無論是有意或無意，運用身分認同和行為之間的直接關係會提醒我們的身分，進而影響行為。「調節」和「中介」是可以彌補「提示」不足的介入手法，調節會修正連結的強度，中介則會創造一道先前不存在的連結。

第十章 優化認知 201

時間、金錢和其他有限的資源是塑造我們行為的強大壓力，但沒有一項能比得上認知注意力。我們想要的世界是可以將大部分心智資源用在自身最關切的事物，但對於自己不關心的事物則能免就免。我不熱中購買服裝的過程，便在拍賣網站建立一張清單，當我常穿的衣褲的價格落在某個金額以下，便自動為我購入，把我的認知支出下修到近乎是零。這樣我就能將更多的認知注意力花在我喜歡的電腦上。

關鍵在於：具體明確指出目標群體想要或不想耗費注意力的領域，細想他們的認知習慣和你的介入所處的認知環境，並明智地消耗他們的精力。

〈推薦序〉產品經理如何看待消費者行為的改變

夏松明

產品之所以存在，是為了改變「行為」

先來說說兩個案例。

還記得華碩小筆電 EeePC 嗎？二〇〇七年華碩以一台拿掉光碟機、螢幕只有七至十吋、單價只賣一萬多元的迷你筆電，引發轟動。EeePC 的三個「E」字分別代表「易於學習、易於上手、易於工作」（easy to learn, easy to play and easy to work），目標客群即是鎖定老人家、小朋友及女性上班族，其目的是為了促使這些族群對於既有筆電過重且不易攜帶、微軟系統開機慢且相容性差、應用程式複雜且昂貴等刻板印象的「行為」改變。

據稱，EeePC當時熱賣的程度甚至超過公司既有的常規筆電產品，這當中亦包含了多數原本不是該產品的目標顧客（target audience），部分Power user 甚至把EeePC 當成 Power NB使用，但也因為這些「行為」的改變，導致原本產品的優勢反而變成致命缺點，網路上亦開始出現大量負評，如硬碟（SSD）容量太小、搭載的 OpenOffice（開源辦公室軟體）不好用、USB插槽不夠用……，再加上二〇一〇年蘋果（Apple）正式發表iPad，重新制訂「平板電腦」的產品定位，再度促發了消費者「行為」的改變，最終EeePC小筆電正式下台一鞠躬。

那麼，蘋果的iPhone又為何如此成功呢？本書作者給出的答案是「為什麼」這三個字！這三個字也就是所謂的「蘋果精神」——挑戰蘋果內部所做每一件事的現狀。

蘋果先是想像出一個人們無論何時、何地都使用iPhone的世界，以便實現一連串的廣泛動機。然後，它除了從各種層面「挑戰現狀」之外，更不斷提問「為什麼人們一開始就會先想要那樣做？」「為什麼他們不乾脆現在就這樣做？」據此開發出一具引導人們這麼做的裝置（iPhone）。

這兩個案例告訴我們：產品之所以存在，是為了改變「行為」，但多數公司的產品經理、開發人員或產品設計師在開發產品之前並不會預先把這些「行為」的改變視為結果。

到底什麼才是所謂的「行為」呢？

日本行為科學大師石田淳認為所謂的「行為科學管理」不是在討論任何精神理論，而是將焦點集中於人的「行為」。石田淳在《【漫畫圖解】不懂帶團隊，那就大家一起死！》一書，提到具體性「行為」的「MORS法則」：

- Measured：可測量的（可數據化）。
- Observable：可觀察的（任何人看到之後，都知道該怎麼做）。

- Reliable：可信賴的（無論誰看到，都知道是同一個行為）。
- Specific：明確的（非常清楚該怎麼做）。

如果無法滿足以上這四個條件，就不被認為是「行為」。

本書《爆品設計法則：微軟行為科學家的產品思維與設計流程》的作者麥特・華勒特（Matt Wallaert）是一位擁有十五年經驗的「行為科學家」，華勒特認為優秀的行為科學家都是T型（T-shaped）人才：擁有專精的領域（直向的腿），加上跨學科的廣泛興趣（橫向的臂）。這點和筆者認為的產品經理特質有異曲同工之處——既要具備行銷的「廣度」，同時也要擁有技術的「深度」，才有機會成為一位傑出的產品經理。在本書中，華勒特詳細闡述一套以科學為基礎的產品設計系統（介入設計歷程（Intervention Design Process，簡稱IDP）），它可以在各行各業、各種規模的組織中執行。華勒特主張，所有產品都應該造就「行為」改變，無論是手機叫車還是戒菸。將消費者「行為」變化當作預期成果，最有效能的公司得以著手了解到消費者想要做什麼，以及為什麼他們還沒這樣做，接著便可打造產品與服務弭平其間的差距。

產品經理必學：介入設計歷程的七步驟

筆者嘗試將本書作者所提的「介入設計歷程」融入於產品經理的產品規劃前期流程，茲說明如下。

對產品經理來說，當我們想要改變「行為」去規劃產品時，可以先從目標顧客一個潛在的深刻見解（洞察）開始。

第一步，搜尋數據：可以先運用質化調查方法（如觀察法、訪談法），再以量化調查方法驗證質化獲取的數據。

第二步，撰寫行為陳述：如果發現所獲取的數據尚有改變的機會後，便會開始撰寫一份行為陳述（內容包含：人口群體、動機、局限、行為、數據等五要素），描述我們想要追求的目標（如優步（Uber）的行為陳述即是——當人們想要從A點到達B點時，手上有連網的智慧型手機、電子支付工具，而且他們住在舊金山，就會使用優步」。

第三步，促發與抑制壓力：討論並列出目標顧客有哪些促發壓力（在各種使用情境下，更可能促使行為發生的動機）或抑制壓力（協助我們理解，在各種使用情境下，更不可能促使行為發生的事實）。

第四步，驗證：驗證目標顧客先前提出的壓力（強或弱）。

第五步，倫理查核：篩選出打算試驗（壓力）的介入並進行倫理查核（我們正在改變什麼行為，以及我們正如何改變行為）。

第六步，行為差距：

- 「意圖—行動」差距：有什麼不合倫理的問題（如本來打算去健身房，但我們最終沒去健身房……）。

- 「意圖—目標」差距：如果你的最終行為不是這個人口群體中任何動機所得的結果，那便是不合倫理的（如我們想要維持健康，但不常洗手……）。

第七步，監測：輔以持續監測。

結語

無論您是否為產品經理，筆者都誠摯推薦本書，因為只有更了解顧客如何理解信息、做出決定和採取行動背後的心理學和行為科學，才能創造出更吸引人的產品服務。誠如作者所言：「以終為始：行為改變可說是與眾不同、精益求精的答案。」

本文作者為臉書（Facebook）「產品經理菁英會」社團創辦人、「PM Tone產品通」產品經理知識社群網站站長、NPDP產品經理國際認證培訓講師。

〈推薦序〉結合產品設計與行為改變的科學方法

張修齊博士

前些日子與朋友夫妻一起吃飯，餐後，他們牽著三歲小男孩的手，準備走路回家。走沒三分鐘，小男孩就開始嚷嚷：「我的腳好酸！我走不動！」此時，小男孩的爸媽互看了一眼，有默契地知道小男孩的痛點在哪裡。

於是爸爸說：「再走十分鐘就到家了！走路十分鐘，你就可以看iPad的卡通十分鐘！」說也奇怪，小男孩馬上安靜下來，繼續安分地走往回家的路。

如同爸爸的一句話改變了小男孩焦躁的行為，《爆品設計法則》這本書介紹如何透過「介入設計」改變人們的行為。作者有一套改變行為的科學方法，教你怎麼一步步去設計一款可以改變人們行為的產品。

介入設計要怎麼進行？

作者提到「介入設計」的六個步驟如下：

一、**潛在的深刻見解，與驗證深刻見解：**每個人對於日常生活的感受都有所不同，作者提出了四種不同的深刻見解：量化、質化、隱含及外部。「量化」就是用數據推動（data-driven）方式得來的見解，但要小心別刻意用數據證明自己已經知道的事。「質化」通常是來自主觀的經驗，或是透過與人交談、觀察其他人的行為得知。「隱含」猶如在職場工作的潛規則，並沒有白紙黑字明定，需要多跟資深同事交流才會懂。關於「外部」，作者鼓勵大家與大學研究所裡的研究生多接觸，又或有機會的話可以看第一手的研究論文。

二、**行為陳述：**就我自己在產品設計的經驗而言，團隊中每個人對於產品都有自己的想像，但是這個想像在每個人的腦海裡都是不一樣的，為了讓每個成員對於既有的目標有共同的語言，就需要行為陳述這樣的工具。透過行為陳述的公式，讓參與產品設計的每個人能夠描述改變行為的樣貌，並且設定一個限制範圍，最後嘗試量化這改變的行為。有了行為陳述這樣的公式，最大的好處就是降低團隊合作時，彼此在概念上的差距。

三、**壓力場測繪與驗證壓力**：改變行為是一種從A點（原本的狀態），移動到B點（理想的狀態）的過程。壓力場測繪則是理解現狀用以改變行為的工具，我們可以從兩個相反的角度去探索（作者用一個向上的箭頭與另外一個向下的箭頭並排來代表相反的壓力）。比如說，在書中作者提到用相反的角度去思考吃M&M's巧克力這個行為，我們可以去思考是什麼壓力促使人們愛吃M&M's？又是什麼壓力讓人們不吃M&M's？

四、**介入設計與介入篩選**：介入設計可以理解成把第三點中討論到的壓力，轉化為實際創造產品的行動。我覺得這個部分是整個設計流程中難度最高的。因為可能的壓力有很多種，設計師可以針對這些壓力設計不同的產品改善方案，但現實世界資源總是有限，不可能每個方案都試驗過一次。此時，就需要靠介入篩選去找出最想要改善的項目，這部分就真的很需要靠設計師的經驗。除此之外，公司也要能夠接受「可能會失敗」的結果。

五、倫理查核：倫理查核聽起來有點沉重，作者想要表達「不要因為介入設計而產生新問題影響到他人」。例如最近引起社會大眾關注的送餐服務公司，為了促使外送員能在接單時限之內完成送餐，設計了倒數計時的提醒，當計時器顯示為零時就會鈴聲大作，請外送員加快速度。此外，還有每週送餐效率排行榜。對於使用服務的消費者來說，這些設計能確保餐點準時送達，但對於外送員來說，可能會變相鼓勵他們飆車、違規停車以完成任務。

六、試驗與驗證試驗、測試與驗證測試、規模決策與持續評估：試驗、測試可說都是在規模決策之前需要進行的。比如說先前我們公司想要驗證一個關於學習心得的新版網頁，是否提高使用者閱讀完心得後點擊「前往購買」按鈕的行為。我們透過網頁分流的方式，讓使用者進到不同的網頁，接著使用量化的觀察指標，確認結果是正向的，才全面地採用這樣的新設計。值得注意的是，許多新產品的改善都有它的甜蜜期，使用者會對新穎的事物感到好奇。如果一段時間之後持續觀察，量化的觀察指標還是正向的結果，才是令人放心的改善。

介入設計線上英文教育

回顧我在希平方線上英文平台五年的時間，我發現作者提到「介入設計」的思維和流程與我們公司提供的線上英文服務是互相呼應的。從希平方的「攻其不背」這個產品說起，相信大家都同意學習語言最重要的就是「環境」，如果可以讓你每天都泡在裡邊，自然而然就會開口說英文。但是，若沒有這樣的環境該怎麼辦？

這個問題，不太可能只用一個方法就解決，於是「攻其不背」應用程式就扮演了這個角色。創辦人兄弟與父親將自身多年語言學習的經驗，設計成「計畫式學習」的英文學習方式，透過多次地複習，提供學員英文的環境，實際改善學員的英文能力。

找到適合自己的設計法則

從我在希平方設計開發網站及應用程式的角度來觀察，近幾年這類產品的「使用者體驗」越來越受關注，原因不外乎人手一機的電子產品，讓人時時刻刻都連上網路。然而與使用者互動的「介面」或「流程」，卻往往無法跟上硬體改善的速度。於是人們開始專注在如何才能讓產品變得更好。由IDEO提出的設計思考（design thinking）或是Google創投（Google Venture）提出的設計衝刺（design sprints）等幫助加速設計產品的方法一一出現。然而每個公司都有不一樣的設計流程，我認為大企業提出的方法並不見得能夠馬上應用在台灣的中小企業。各個公司仍需要多方嘗試，找尋最適合自身的設計方法。

透過本書介紹的「爆品設計法則」，你可以了解國外第一手的設計思維及產品設計流程。作者結合產品設計與行為改變的視角，讓人有一個更明確的思考流程。還在猶豫如何提升自己的產品思維嗎？這本書，推薦給你！

本文作者為希平方科技技術長

生命所能提供最美好的犒賞，
就是有機會致力實踐值得努力的工作。

——美國第二十六屆總統泰迪．羅斯福（Teddy Roosevelt）

致謝

本書所有內容不完全具有獨創性，端賴社會心理學和其他科學研究人員長期伏案的心血結晶，再加上遍及全球各家組織裡數百名專業人才積累的經驗。我增添某些架構與程序好讓他們的研究和經驗更易於應用，在古往今來促進世界更美好的一長串微小貢獻中，本書僅是野人獻曝。

本書的要點是協助你加入自己的貢獻。請謹記，儘管代代有英雄，但絕大多數還是靠一路揣摩才能走到今天這一步。我不認同行為改變典範應該獨留在各自為政的孤島中，只能由顧問組成的暗黑集團運用。當我們合力促進世界更美好時，它才會變得更好。

二〇〇〇年代末期時，我離開學校的研究所，隨後進入一家名為興盛（Thrive）的個人金融初創公司〔它後來賣給美國最大線上借貸商貸款樹（Lending Tree）〕，自此踏上開發產品的職業生涯。不過我將在本書中娓娓道來的這道歷程的真正種子，卻在我呱呱墜地前就已經萌芽，始自德國心理學家庫爾特・勒溫（Kurt Lewin）與他的場域理論（field theory）著作〔我在本書裡垂直轉換概念，改稱為相競壓力（competing pressures）〕。他的作品相當過時，在我求學時期已非指定教材。我就讀史瓦茲摩爾學院（Swarthmore College）研究所時有兩位指導教授，分別是安德魯・華德（Andrew Ward）與貝瑞・史瓦茲（Barry Schwartz），前者讀過勒溫的作品，因此給我一份加拿大皇后大學（Queen's University）教授T・K・麥唐納（T. K. MacDonald）等人撰寫的論文，[1]那真是促動我繼續研究行為改變的催化劑。作者群採行的做法和許多優秀科學家類似，即是從腦筋急轉彎下手：是否可能有特定條件可以證明，醉翁比清醒的人更能發生安全性行為？

結果答案是一張印著「愛滋病（AIDS）致命」的手蓋戳記。因為酒精會限制大腦功能，酒醉者往往會專注周遭環境中最顯而易見的事物，而當其中一樣是關於愛滋病的警語時，他們會比清醒的人表達出更強烈的安全性行為渴望。戳記本身就是一股壓力，導致行為更可能或更不可能發生。麥唐納的論文激發華德及長年合作夥伴崔西・曼恩（Traci Mann）提出一套更廣義的注意力短視模型，[2]結果顯示，有選擇性地限縮注意力可以改變各種行為，比如吃多或吃少；對他人展現比較強烈或比較不強烈的攻擊性。從我曾與他們一同發表類似的研究裡發現，在打火機貼上「抽菸致命」的警語貼紙可以改變有抽菸習慣的大學生行為，就像麥唐納的愛滋病戳記的道理一樣。[3]實驗要求學生在想要抽菸時使用有警語的打火機，但其中有些人必須先完成從十倒數至一的任務，這些學生的大腦計算數字時注意力被分散了，因而抽菸量較少。也就是說，因為他們的整體注意力變得淺短，受到打火機警告貼紙的影響也就最大。

對我來說，那便是種子。如果限縮注意力有可能改變壓力強度，並進而改變行為，那麼肯定有其他途徑可以調節這些壓力。壓力若借力有意識的目的和刻意造成的結果，那就可以量身設計，它的影響力也會跟著改變，用以創造一個截然不同的世界。那顆種子就化成這本書。

倘若將這本書比作一間新創公司，前述過程便是成立緣起，就本書其餘部分來看，它也是單一章節引用最多研究論文的特例，我會盡可能堅持引用實例多過實驗室研究結果，不過我還是會想在放棄引用前肯定某些人的研究成果。

若非華德與史瓦茲可以做到無視小屁孩的大頭病，直窺表象之下頻頻萌現的好奇心，我永遠不可能成為一名社會心理學家。史黛芙・蘇格（Stef Sugar）繼續忍受我更進階的中年傲慢。雙親與舍弟就只能容忍我，別無他法。推理小說作家葛拉罕・摩爾（Graham Moore）讓我明白寫一本書的意義。興盛創辦人艾威・卡納尼（Avi Karnani）押注過我一次，之後又再押賭另一家利用科技與心理學改變人類行為的產品諮詢商免攪和（Churnless），我們最終會找到好理由再玩一次。軟體龍頭微軟（Microsoft）兩位前主管史蒂芬・韋茲（Stefan Weitz）、亞當・索恩（Adam Sohn）為我引見科技與研究部門的安娜．羅斯（Anna Roth），我隨時願意為她效力。軟體公司更新客（Updater）副總裁丹．史壯斯（Dan Storms）和我談論產品議題遠遠超過我的期待。賓州大學華頓商學院（Wharton School of the University of Pennsylvania）教授亞當．格蘭特（Adam Grant）是第一個把我的名字寫進書裡的作者，而且經常善意提醒我性別盲點，這一點被自由媒體工作者珍妮佛．庫迪拉（Jennifer Kurdyla）記錄下來。這張清單落落長，但是非得添上企鵝出版集團裡與我合作的編輯孫瑪麗（Merry Sun）才算完整，她是唯一說動我同意動筆寫書的出版人，在此之前，許多人士都乘興而來、敗興而歸（甚至有其他出版社要求我停止發表免費談話，僅能在主辦單位擔保賣出一定數量的書冊後才能同意演說。歡迎認識現代出版業），她之所以能達陣，歸功於直接、誠實又明快，讓我得以專心著書，心無旁騖。

但說到底，最關鍵的人物是小兒貝爾激勵我動筆寫作。我只是單純不想一再離開他，奔波全世界發表一場又一場演講來解說我的研究成果。本書付梓之際，我將得以享有至高無上的樂趣，以「我和小兒正玩得盡興，請閱讀本書即可」如此回覆來婉拒演講邀約。我期盼能有這麼一天，而且我最大的喜悅就是知道他也如此期盼。

前言

人類是天生的行為科學家，從我們呱呱墜地的第一道哭聲開始，便開始施壓影響他人照吩咐做事，像是嚎啕大哭讓他們餵我們食物、發出咿呀聲讓他們依偎在我們身邊。我們同樣也被他人壓力所影響，我們與他人、環境的細微互動幾百萬回，從中同時學會明確與含蓄地說話、穿著和行動方式。我們單單只要活著融入廣大人群中，就能自然而然、持之以恆地改變他人的行為。

這種改變行為的自然趨向體現我們的創意動力，因為我們生來就會影響他人做些什麼事，所以為了得到渴望之物總是不斷地創造。因此，我們接觸的幾乎每件事物，都是為了構思形塑行為之道，好比人行道告訴我們走這邊而非那邊；電影指揮我們該笑還是該哭；我們繫上領帶時會說：「請稱呼我提伯斯（Tibbs）先生！」但套上一件夏威夷襯衫則會讓別人直呼我們的名字。

然而，我們很少將創造這股渴望與行為改變這道目標連結起來。在大多數公司裡，隱藏在我們打造的產品背後的那道決策過程，看起來仍像美國影集《廣告狂人》（*Mad Men*）裡面的某一集：有一群通常是除了特權之外毫無任何其他專長的白人男性，接二連三拋出點子，直到聽起來最賣弄性感的那一個出現為止。這就是他們的玩法，合理化完全是事後之明，只不過是為了支持決策者已經一頭栽進去的想法。

因此有了這句現代的願景聲明：「我們為何而做，我們成就何事。」裡頭隻字未提行為，也不曾納入創新發明的目標，只是高度吹捧的溢美之詞而已，但求打中我們既想脫穎而出，又想恰到好處的需求。即使我們置身理當深諳個中伎倆的企業，仍然盲目崇拜過程遠勝成果、狂熱追求風格獨具的產品勝過它被寄予行為改變的期望，然後我們試圖極盡所能地大聲宣傳自家產品有多酷炫以便自圓其說，冀望憑空創造前所未有的動機。這種徒然的耗費實在太不像話了！

廣告業產值占美國國內生產毛額（GDP）逾一%：約有二千二百億美元花在補強一種不曾將行為改變視為中心目標的過程。我們不運用基礎心理學引爆大規模的注意力之爭，反而一味使力蠻幹，結果把我們的世界搞得每況愈下；我們不採納「以終（行為改變）為始（目標）」的設計方法論，亦即經過清楚闡述的行為正是創造發明的明確目標，反而一逕欣然接受性感行銷，以及聽好話而非做好事的需求；我們擁有深度內化的產品行銷術，那就是製造產品時就已經先置入文宣廣告了。

要是你覺得這套論述聽起來很美好，而且還想繼續住在這個《廣告狂人》的世界裡，現在就開始視而不見也為時不晚，沒有人會逼你讀這本書並要你開始改變行為，你知道的，全球電商龍頭亞馬遜（Amazon）推出非常慷慨的退貨政策，但我則建議你可採轉送禮物方式來處理這本書，因為這才是最極致的環保主義。

但是，倘若你覺得這套系統不可能永續發展，同時願意為一樁與眾不同的任務奔走，好消息是：你買對書了。我們在本書中將會把結果置於過程之前，同時則會體認到，有些過程確實會帶給你更好的結果；我們也會以終為始，將行為改變放在第一位。

以終為始：行為改變可說是與眾不同、精益求精的答案

蘋果公司的智慧型手機iPhone一貫被視為視覺、靈感和創造力的登峰造極之作，這是全世界的唐・德雷柏（Don Drapers；編按：《廣告狂人》男主角的名字）對現代奇蹟的恭維，也定義了演繹蘋果精神的精髓，即「**為什麼**」這三個字挑戰這家企業所做每一件事的現狀。這句描述的唯一問題在於，當所有iPhone的現況挑戰者（好比微軟的Kin。還有沒有其他的挑戰者？）都無法激起市場一絲漣漪時，iPhone的成功它無法居功。

iPhone之所以大行其道實際上有兩大原因，它們合力橋接心理學家所稱的反

事實（counterfactual）世界與現實世界；前者指的是實際上不存在，但可能實現的世界。蘋果先是想像出一個人們無論何時、何地都使用iPhone的世界，以便實現一連串的廣泛動機。然後，它除了從各種層面「挑戰現狀」之外，更不斷提問「**為什麼**人們一開始就會先想要那樣做？」「**為什麼**他們不乾脆現在就這樣做？」據此開發出一具引導人們這麼做的裝置。

這兩道問題正是本書的核心，前者細繪各種情境下，更可能促使行為發生的動機，稱為促發壓力（promoting pressures）；後者則是協助我們理解更不可能促使行為發生的事實，像是「愛滋病致命」這個戳記，我們稱之為抑制壓力（inhibiting pressures）。辨別並有意識地影響這些壓力的力道就是設計行為改變的基礎，在此我們系統化通稱為介入設計歷程（ＩＤＰ），介入意指我們打造用以改變壓力並順此改變行為的事物。本書其餘部分無論採用何種論述都是圍繞著這道主題：如何在感受壓力的前提下動手設計，以便創造足以發揮功效的介入行動。這裡所謂的「發揮功效」指的就是各種可以度量的「行為改變」。

我會坦白承認，即使一開場就是先譴責廣告，但單單只談廣告預算並不足以引發我寫這本書的動機；反之，我是極為老套的作家：完全沒有皈依宗教之人那股狂熱勁。我創造這套介入設計歷程是因為我需要它。

我受訓成為一名社會心理學家，經常得試圖棲身在反事實的世界裡。說真的，研究室的實驗不就是試圖創造一個與我們的現實世界一模一樣，但因為唯一關鍵要素改變了，周遭一切也跟著變化的假想現實嗎？這就是科學的進程：你試圖修正所有的已知變數，以便找出那個引起改變的因果。

我身為正漸漸嶄露頭角，而且心繫父母教誨，滿腦子只想讓世界變得更美好的學者，深信社會心理學是一切行為的奧祕所在。我受過大學教育，期間發現研究行為改變這個領域的歷史已近百年，並著迷於我們理解自己所作所為的動機後衍生而出的諸多實際應用。多年來，我的熱情讓我甘願晝伏夜出，前後差不多執行數百場研究，有時同一段時間塞滿八至十場實驗，為此還得借用其他研究人員的時段，最終才得以開始解構更多決定行為的規則。當我攻讀社會心理學博士課程時，已經有好幾篇論文等著一一完成，眼前也鋪平學術生涯的坦途。

我就讀研究所期間，埋首在這個反事實世界裡自建一座宮殿，試著要打通那座通往更明確行為的橋樑。但是，當我抬頭檢視工作成果時卻鬱悶地發現，這輩子的研究和同儕審閱的論文不太可能深遠影響他人的生活，反而不如打造一樣還算成功的產品，於是我就動手做了。然後接下來約莫十年間產品接二連三問世，這是因為創造正是改善世界的最佳之道。

外人總是視我猶如外星人。對純心理學派來說，我太注重應用（一位聲譽卓著的社會心理學家曾在提供我研究所獎學金前來電，打算確認我明白他們是**研究**單位；他比我早一步知道，學術界其實不適合我，不過我當時太頑固，根本聽不進去）；但是對企業機構來說，我的實驗性格又太強，而且堅守嚴謹的科學標準（好比那些認為焦點小組也算是實驗的資深主管，其人數多到讓我驚呆了）。我轉戰初創公司和商界後才發現，只要我還沒開發出有意義的架構好讓別人跟上我，而是投入在我自然而然在做的事情上時，每次開會就得先來一場解釋行為科學的小講座。所有我早期開發的產品能夠勝出，似乎是魔力光環勝過科學實力，因為我無法解釋它們從何而來。

二〇〇二年，美國普林斯頓大學（Princeton University）心理學教授丹尼爾・康納曼（Daniel Kahneman）獲頒諾貝爾經濟學獎（諾貝爾沒有心理學獎，所以我們只能借道），大大造福我們，並為賓州大學（University of Pennsylvania）心理學教授安琪拉・達克沃斯（Angela Duckworth）、杜克大學（Duke University）心理學與行為經濟學教授丹・艾瑞利（Dan Ariely）及其他人撰寫大量關於行為科學科普書、站上全球知名論壇ＴＥＤ演說鋪路，共同將我們的決策和習慣背後的認知歷程帶向主流。行為改變學才開始打開十五分鐘的知名度（這般形容科學實在很怪異）。

只不過康納曼獲頒諾貝爾獎之後甚至超過十五年之久，行為科學從未真正普及，儘管全世界關注行為科學一時蔚為風潮，但我仍然是業界少數幾位首席行為長（Chief Behavioral Officer，簡稱ＣＢＯ）之一。多數人深受行為科學吸引，因此願意閱讀相關議題（這也許是我的出版商願意投資這本書的原因），但採用這套學說的速度卻有如牛步。我一直保持受雇狀態主要就是因為大家依舊認為，如果沒有專家從旁指導，自己不會應用行為科學。

我將這一點歸咎於學術界。就這門學說而言，我們在走出象牙塔，認真看待應用既有發現之道這方面做得有夠糟糕，只有極少數彌足珍貴的簡單有效架構足以幫助人們應用行為科學；就算是少數努力創造架構的有心人也還是執迷於證書資格，而且注重同儕審閱的論文更勝於實用性，看重代表出錯機率的 p 值大過於效果量。

這種應用滯後的可悲之處在於，我們其實比以往更有條件改變行為。社會心理學和行為經濟學大幅進展，提高我們理解人們所作所為的動機，進而介入以創造變革。透過連線裝置與網路，再加上可以評估介入結果的數據感測器，你就能結合這些知識與隨機配置介入措施的能力，而設計出一套足以促使實際行為改變的前所未見新配方。

這便是本書的由來。我是篤信行為改變的狂熱分子，部分原因是我從靈知世界轉向應用世界。我熱切希望你相信一個特定的反事實世界，即是一個在創造歷程中心位置仍存有系統化行為改變的世界，而且願意納為所用。這是因為倘使我們都這麼做，反事實世界就會成為真正的世界，這樣我們就不用浪費大部分的創造能量打廣告（更有甚者，浪費地球資源在我們終將丟棄的事物上），人行道可以帶我們到想去的地方；會有更多人穿上夏威夷襯衫，而提伯斯先生之所以獲得尊重，並非源於薛尼．鮑迪（Sidney Poitier）在電影《全面大通緝》（*They Call Me Mister Tibbs*）裡演繹堅定不動搖的英勇瞪視，而是自然而生的氣度。在我們這場自我毀滅的戰爭中，我相信種族主義、性別主義、貧窮和環境問題是設計行為改變的最佳武器。

為此，我將介入設計歷程奉上，它是一套架構而非教義，用意在於廣泛適用各行各業，以期行為改變能擴及全球，或小至控制你個人嗜吃垃圾食物的習慣，並打從心底仰賴類似科學的機制減少偏誤。請試著視本書為實踐之道，你的工作便是找出需要調整的地方，以便在個別環境中無入而不自得。

本書的第一部將逐步引導你完成介入設計歷程，它是行為改變的基礎課程，如果你計畫大規模實行介入設計歷程，開始進行之前你會希望相關的每個人都閱讀並記住本書前半部分中的內容，因為這部分的重點是放在如何做的過程而非理論上。要是你只讀完第一部，一樣可以嫻熟這項工作。

資淺和資深行為科學家之間的差異不在於本能或天分，而是經驗。因此，第二部就是我在過去十五年專注這門工作所學到的備忘清單，其間的架構就是一系列的獨立深度分析；就像是一張好專輯，它們的順序排列出自對我有多大意義，但你讀第二部時，不用像讀第一部一樣非得全部讀完不可，也不用按照我排列的順序讀完各章節。有時候，你為了自己開始改變行為之前，它們可能沒什麼意義，不過在你嘗試實踐介入設計歷程之後，第二部分可能會是你需要重新檢視的部分。

在這篇落落長前言結束之際，且容我警告一聲，接下來的閱讀之旅將探索全新的未知領域。你會看到怪獸，包括咒罵、涉及讓人不快的例子，還有公開嘲弄性別歧視、種族主義和其他不可接受的行為，這一切我都了然於心，一向為此感到內疚，未來也將繼續心懷歉意。我刻意採用這種語氣，是因為這類商業書籍（我的編輯所指類別）的寫作模式通常會遠離並阻隔那些最需要它們的族群。沒錯，我或許是可以寫一本不需要指天罵地的書，但這麼做有何意義？這本書真真切切是我的心血結晶，假如你對書中言論有疑慮，請直截了當回以批評。

這是因為在一本挑戰普遍認知人類行事動機的專書中，我們必須質疑自己，為何假定可能發生的行為變化組合。為此，我們就可能採用看似不專業的方式與語言咒罵他人。整本書不會從頭到尾都採用一種身材精瘦、西裝筆挺的白人男性觀點，我既非這種觀點的大使，也不會是始作俑者。行為改變會纏上你，而且要是你深諳個中道理，你將學會愛上它。

且容我再來一道提醒，人人都是行為科學家，並附上小小的訐譙：你不需要攻讀博士學位。我向你保證，你根本不需要博士學位，我就沒有博士學位，但我和專家差不多，你也是！如果行為是你的結果、科學是你的過程，那你就是行為科學家。如果說看護能開始破解如何讓男人對準他媽的小便斗而不是撇在地板上，他們就是行為科學家（小便池芳香塊的真實理由：就是為了讓男人瞄準練習）。獲得博士學位是可以讓你更擅長透過反覆練習科學形塑的歷程，讓行為變成結果，但練習方法比比皆是。請謹記，在此我們關注的重點是你產生的行為改變。

即使如此，人人都是行為科學家的主張也是要有底線的。蘋果公司並不想創造一個到處都是埋首裝置成癮者的世界；這種行為非關習慣（我沒說臉書，我也沒說菸草業），本書也沒這個打算。沒錯，大腦裡面有些化學物質會讓我們對產品上癮（就此而言，戒除亦然）。設計習慣和重新編寫大腦程式碼絕對是不道德行徑，因為它透過利用大腦節省認知資源和創造捷徑的需求，明確地繞過我們的意圖。「設計行為改變」這件事是創造條件，使我們能根據原本動機行事。有時候，習慣就像一條眾人踏過的路，確實來自那些新產生的頻繁行為，但那只是自然重複的結果，並非來自設計。

由此觀之，本書不是神經科學，也不是道德控訴。我對設計習慣有意見，也看不順眼那些帶有性別歧視的執行長（叫車共享軟體優步的前執行長崔維斯・卡蘭尼克（Travis Kalanick）永遠都得為內部從上而下有系統的性別歧視負起責任），更對花超過兩分鐘買衣服不滿。當我的偏見出現時，我會盡其所能大聲說出來，也相信你會自己調整情況看著辦。我會引用舉足輕重的研究，不過你不該期待這是一本附錄很多注釋的書，更不該單單因為注釋就相信任何書籍，這意思是，我希望科學惠你良多，但不想看你走上祭壇膜拜它。同理，若是有企業或產品在行為改變方面得分時，我會明白指出它們做對了什麼，但不代表我認可它們的企業目標或領導者，這些例證不過只是為了幫助你改變行為，好讓你可以改變他人的行為。

最後是一些關於二元性的重要說明。從根本上來說，任何壓力若能成功促發行為產生，也可反向用於降低發生的可能性；同理，較強的促發壓力或是較弱的抑制壓力也會使行為更可能發生，但較弱的促發壓力或是較強的抑制壓力則反其道而行。因此，雖然本書使用一般架構促發人們行事，但它描述的方法也可用於阻止人們不做這些事。這是一套普遍模型，只是為了方便用言語傳達其概念才定向撰寫，所以務請謹記它有雙向作用。

還有另一種更根本的二元性，存在於任何強大的架構〔像是《蜘蛛人》（*Spider-Man*）漫畫〕底下：本書可正面使用，亦可反面使用。我們為了減少抽菸所做的改變可逆轉成增加抽菸（和已經增加的抽菸）。我在學術生涯早期就已經意識到，我撰寫關於幫助人們減少開支、增加儲蓄的論文也可能遭到誤用，變成鼓勵他們反其道而行。長久下來，我學到的經驗是，行為改變是一場戰爭，衍生於兩造之間爭奪的既得利益，最終贏家多半是口袋深不見底的大企業，因為它們更有蠻力迫使行為改變（況且，兩億美元的廣告預算肯定是龐大的促發壓力）。

但請謹記，我是在趨勢轉變的關鍵時刻現身你面前。這本書是我努力打游擊戰的心血，我喜愛的英國饒舌歌手街頭小子（The Streets）的歌裡有這麼一段歌詞，我把它當成戰呼：

他也許拿到了王牌或奪冠
兒子啊，那就三兩成群來一場打帶跑
這樣的話，到時你就成功惡搞他了

那些可能套用行為改變以便賣出更多香菸、子彈或糖果的大企業一向慣於作弊搞鬼從中牟利，就像街頭小子歌詞裡的特權精英總是拿到散牌一樣。但是，它們的規模往往會強化慣性，當它們努力維繫精心規劃的階層時，變革因而更加困難。雖說思潮進步有利於小而美，因為這是轉型的最快方式，但它們已經甩不掉《廣告狂人》。我們這些打算對抗抽菸、暴力或肥胖的素人永遠不會有任何廣告預算，但若能民主化有系統的行為改變發生歷程，就能打一場更聰明的仗。我們可以三五成群地列隊出擊，速度會比大企業更快，成果也更好。此書確實不是一本宣言手冊，但若想如此定位它也無妨。

它也不僅是有關刻意為善對上刻意為惡之爭。僅再次聲明，你只要手握強大武器，不負責任地濫用這道歷程，就算立意良善仍可以造成嚴重傷害。以前我犯過這種錯誤，將來也難免重蹈覆轍，所以儘管後面有章節專門討論道德倫理，但請隨時謹記在心，在透明的目標下行為改變最有效，而且目標要清楚，並由你和那些你試圖改變行為的對象共享。要是你沒有把握，請務必暫停，再三討論加以修正。我無法強迫你小心，但會諄諄提醒。

現在我需要把自己的建議聽進去。這本書是敘述歷程的結果，因此會在你腦中形塑一項明確的行為結果：當你有意改變世界，也讀過這本書，將可明確設計出一項行為目標，並應用有系統的方法實行介入以實現目標。你在執行過程中將不只會更有效改變行為，還會加速我們全體進步邁向更美好的世界。這就是我將用以評估這本書當作介入是否成功的指標：不折不扣更美好的世界。

我有把話說清楚嗎？且容我套用美國知名歌手馬文・蓋（Marvin Gaye）的不朽名言：開始幹活吧（let's get it on）！

第一部

行為改變的基礎

第一章

介入設計歷程

當我們想要改變行為，可以從一道潛在的深刻見解著手，即觀察我們置身的世界與我們希冀的反事實世界之間相隔多遠，接著我們驗證這道見解，並擴充為行為陳述（亦即我們用來測繪產生行為現實情況的壓力，因此也是推動我們改變行為的手段）。我們驗證壓力後便可設計介入修正它們；篩選並針對我們選擇用來測試（和驗證）並（如果有效）做出規模決策的部分，進行倫理查核，再輔以持續監測，以確保介入長期有助於我們期盼的行為。總的來說，這就是介入設計歷程和本書的核心。再三反覆執行介入設計歷程的真正意涵就是，將行為改變置於我們工作的核心位置。

接下來進行說故事時間！

二〇一二年我進入微軟工作，當時我是全公司第一位行為科學家，其中一項要進行研究的產品就是搜尋引擎必應（Bing）。當時，有這麼一道潛在的深刻見解：兒童在學校裡上網搜尋的程度不如你所想像那麼頻繁。畢竟，學校理當鼓勵他們發揮好奇心，所以搜尋引擎不就應該是搔到癢處的預設工具嗎？

我們的做法和處理任何潛在的深刻見解一樣，第一步就是看看實際上能發現什麼，或者根本只是追逐當下一時的情況。我們形容深刻見解是「潛在可能」的原因在於，在科學領域中，我們會先假設事情不是真的，直到我們能夠證明它們確實為真，而非確實為假。這種對假設的健全懷疑論點是推動嚴謹度的因素，也是我們不斷驗證如何看待自己所學所知的原因。所以我先搜尋數據：我蒐集幾個學區的網際網路協定位址和學生總人口數，從中抽出查詢日誌，然後計算每一天的每名學生查詢量（queries per student）（我當下深感自豪，直到我發現工程師使用每秒查詢量），發現數量竟低於一。這個數字感覺很小，每一名學生每天只查詢一次似乎不太尋常，因為他們可都是有課業在身的年輕科技達人。

但單憑數據並不是妥善的驗證做法，因此我走訪幾間教室，觀察孩子們如何在當下的環境中自然地進行搜尋行為。這些觀察結果與數據相吻合，提供我們科學家所謂的收斂效度（convergent validity）：證據比各部分總和更強而有力，因為不同的資料來源都支持相同的結論。獲取數據以便認同數據固然很好，但是能從量化出發，觀察到在與數量相符的真實數據當然更好。就眼前的情況而言，這意味著我們看到孩子肯定經常掛在電腦上，但不常搜尋，所以每一名學生的查詢量（是的，還是很棒）才會低於一。

我確認尚有改變的機會後，撰寫了一份行為陳述，描述我們想要追求的目標：大致來說，「當學生有一道引發好奇心的問題，而他們在校園中離可以上網的電腦不遠，他們才會使用必應來解答（以每位學生查詢量估算）」。然後我和必應、更龐大的微軟社群團隊一起共事，開始測繪出鼓勵或阻卻孩子搜尋的壓力。各種促發壓力都出現了，從了然於心的（嗯，諾斯底主義（gnosticism；編按：亦稱靈知派，主張透過超凡經驗便可帶領人類脫離無知及現世）……挺有趣的」社會期許到家庭作業規定；同時它們相應也有各種類似的抑制壓力，包括速度、複雜度和非直觀的結果呈現方式。

因此，我們重返教室驗證先前提出的壓力。或者應該說我們理應如此，但就在我們採取行動之前，某一名行銷部門同仁深為「好奇心是一道促發壓力」的想法所折服，因而決心在某種「世界奇觀」上投入數百萬美元打廣告。如果這聽起來很耳熟也不足為奇，因為多年後搜尋引擎龍頭Google在嘗試推廣語音搜尋的過程中，便採用這道概念花大錢購買美式足球超級盃（Super Bowl）廣告（我沒有參與這件事）。

這位心急手快的行銷同仁甚至在我打算喊停，要求大夥重返教室觀察孩子行為前便做出模型。我們很快就驗證得知，二年級學生的好奇心**沒有**問題。實際上，大多數成年人反倒希望他們少提問；一名學生很快就連珠炮一般地提問，為何我身為科學家卻沒有穿實驗室外套？我是否認識在微軟工作的叔叔？以及我是否同意他去一趟洗手間。在這種情況下，促發壓力似乎不是問題，因為這裡有大量的好奇心在驅策搜尋行為。因此，發起一場大規模廣告活動推動早已滿載的好奇心，其實反而浪費大筆預算（為了對這位行銷同仁公平，我得說我們對促發壓力有與生俱來的偏誤）。

驗證結果告訴我們，這個世界會變成現在這個樣子，全因老師抑制壓力，與學生無關：教師們憂心網絡安全、讓孩子大量接觸廣告、隱私權問題，再加上他們在未製造引發孩子們好奇心的混亂狀況下，試圖將搜尋安排進課程裡，當作消耗學童好奇心的方式。於是我們深入了解這些壓力。

不適宜的內容是一道明顯壓力，特別是搜尋引擎工程師所謂的「成人漏洞」（adult leakage），這個說法我若是真的有聽過，那應該是成人尿布品牌得伴（Depend）的潛意識廣告標語。所有老師都知道如何明確處理成人搜尋，倘若小強尼正在搜尋「大咪咪」，就會有一句通訊協定示警，對小強尼來說通常不會有什麼好下場；但是當他搜尋「女孩騎單車」時，竟然不是跑出小女孩坐在三輪車上，而是穿著比基尼的辣模坐在重機哈雷（Harley）椅墊上，那完全就是另一回事了。涉及性暗示的搜尋結果本身並不是學生或必應有何錯誤，但光是成人漏洞的問題就足以讓搜尋引擎在教室裡受到限制（你看我剛剛有提到什麼字眼？這下子得伴欠我一張支票了）。

廣告也很直截了當。廣告將搜尋這項功能貨幣化，意思是，它可以循著廣告網絡一路追蹤你。然而，學校名義上是非廣告區；品牌也許會定期讓學童化身為活廣告，但老師們並不想沾上學童成為搜尋搖錢樹的邊，因為這與他們身為教室管理員的身分不一致。就我所知，身分認同是最強大的壓力。

關於缺乏隱私的疑慮則比較不明確。即使回到當年，老師們認為Google怎麼處理學生的資訊，也說不出個所以然來，但是普遍推測沒好事，必應也因此被歸為同類。每當談到促發和抑制壓力時，個人感受的威力幾乎和事實一樣強大（往往是有過之而無不及）。雖然我們的工程師堅持，缺乏隱私並非技術問題，但我說服他們必須處理教師的感受，還建議他們打電話詢問自己的母親，是如何看待搜尋引擎蒐集用戶情報這個問題，以證明感受很重要。質化驗證獲勝！

最後，只剩下教育學童大不易的客觀現實。這真的非常不容易，我為了拿到教育學位，帶八年級的班一整個學期，這是我做過最艱難的工作之一。老師得花很多時間管理課堂，還得努力在沒有架構的情況下教導搜尋令我大感混亂。老師們都希望孩子們保有好奇心，但又不想讓教室淪為《蒼蠅王》（*Lord of the Flies*；編按：講述一群兒童受困荒島，在沒有成人引導的情況下建立一套脆弱生存體系的寓言小說）裡的那種下場。

我們堅決制止數百萬美元的好奇心廣告活動後，特別採用已經驗證過的四種抑制壓力設計介入，然後選出幾道看起來有希望的壓力。接著，我們召集全組織人員完成倫理查核，並與專門研究校園內數位包容的外部政策智庫一起討論，以確保在我們自己的介入中沒有任何盲點。最後，時間終於到了：我們找了三所當地學校，使用系統化簡短搜尋活動的雙重方法試驗，每日課程計畫都以必應首頁圖片為焦點（僅對從未造訪過必應的讀者做說明，它們的網頁上每天都會放一張類《國家地理》（*National Geographic*）雜誌的照片），並結合由安全搜尋

（SafeSearch）篩選器鎖定的必應專用版，以期盡量減少漏洞（沒錯，但還是很好玩）；不放行搜尋廣告，並減少蒐集資訊。以試驗來說，它未臻完美，或者我喜歡稱之為「不夠嚴謹的實務操作」（operationally dirty）：我首次自己撰寫課程計畫，搜尋體驗則是大夥一起用最少的全新程式碼編寫出現下陳列的功能。

的確，課程計畫的架構是「為培養好奇心特別設計」。良好的行為設計採用科學當程序，但不是為了產生純粹真理，有時候爭取行銷部的好感並不是件壞事。跟著我覆誦：我們注重結果、我們注重結果、我們注重結果，直到你相信為止。

這項試驗很容易驗證：在質的方面，孩子和老師都很熱情；在量的方面，每一名學生查詢數量都上升，雖然不顯著但方向正確。這證明我們需要擴大學區繼續測試，並由更專業的課程設計師提供課程計畫（幸好我們沒有在好奇心廣告上撤預算），以及在工程部傾力支持下，打造一套強大的技術解決方案。

正如所有的好測試一般，這是我們開始明白是否值得放手去做的關頭。事實上，找到介入至少能改變一些行為的證據很容易，難的是找出值得這麼做的原因。舉例來說，工程部想把桌面服務客戶端安裝在每一部機器裡，這項要求把區域系統管理員嚇壞了，連忙對必應工作小組保證，假使這是實際要推出的機制，它一定是禍源。

資訊科技人員主要是做一切具最低抑制壓力的事，因為眾所周知人手一向不足，而且還有過勞問題，所以我們透過簡易形式推出自己的解決方案：告訴我們你的通訊協定範圍，然後眨個眼你就可以啟用了。對於範圍較大的學區，我只能盡快放送消息，並說服他們這項提議值得優先考慮。即使是透過簡易形式，還是有人擔心小學區是否願意自行加入，這就是為什麼測試如此重要。

同時，行銷部試圖找出讓父母參與其中的做法；最終我們還是推出，同時隔年再以一套仿效折價券印花的教育募款計畫相關方案限縮用戶。你可以捐贈微軟獎勵（Microsoft Rewards）點數給學校，用以換取筆記型電腦。這項試驗沒問題，但測試說明，促發壓力不夠強大，這就是為什麼我們需要測試。你不必一直保持正確；只是有必要犯點小錯，以免鑄成大錯。

驗證的結果顯示可行，各學區正陸續加入；最初的新聞反應也表示肯定，數據現在既顯著又為正值：學校搜尋量增加四〇%，再加上在家搜尋沒想到也增加一五%。因為我們做了規模決策，必應教室特別版（Bing in the Classroom）推出時，十大學區中已有七個投入該平台〔我為了實現這項目標，應該有資格成為阿拉斯加航空公司（Alaska Airline）終身會員〕，截至發表會當天已涵蓋七百萬名兒童。網站分析團隊持續監控，以確保每位學生查詢量穩定增加，然後整個介入設計歷程為了實驗第二版（V2）再次啟動。

你若想領會改變行為有多麼重要，請不要忘記，在那段日子裡搜尋市場占有率之爭有多麼激烈，以至於十分之一的進展都有新聞價值。我們從一項簡易產品和一些課程計畫入手提升四〇%的搜尋量，因為我們知道最終目標會促成什麼行為。行銷部真夠絕的！還回溯設計介入讓我們達成目標。親愛的，後會有期（Hasta la vista）〔自從阿諾・史瓦辛格（Arnold Schwarzenegger）當上州長以來，很少有機會放送這句話。不用謝了〕！

事實上，這項勁爆計畫實在太成功，反而迫使Google跟進，它在六個月內，得阻隔廣告出現在學校搜尋裡，因此只能推掉數千萬美元的廣告營收。這便是產業和行為改變的本質；當你成功做到了，就等於是消除帶頭做這件事的抑制壓力，所以其他人經常會試圖立刻跟進，但是他們其實不了解你用以創造行為改變的已驗證壓力，將成為他們成功與否的重大阻礙。

所以說呢，這就是必應教室特別版的成績單。如果話當年還有什麼皆大歡喜的結局，那就是它了。從深刻見解到規模化費時近一年，但是從深刻見解到試驗最為核心的歷程大約是八週，這種時間長度算是稀鬆平常：約需一週掌握深刻見解、兩週驗證和探索潛在壓力、一週設計介入和篩選介入、兩週運作試驗，再加上兩週回報驗證得出的質化和量化信號。

所以現在你至少在最大可能程度上了解了介入設計歷程。要是你正想找個機會跳車不讀了，快趁現在，否則我們就要從現在（落槌時間到了！）一路由潛在的深刻見解、如何驗證它們開始細說分明了。

第二章

潛在的深刻見解與驗證深刻見解

任何美好科幻神話的中心支柱都是多元宇宙，這個概念是，每回選擇的當下都會創造時間軸分支和兩個新宇宙，兩個各走各的。拿硬幣往上拋，落下時一個宇宙朝上，另一個宇宙朝下，兩者共存。一些物理學家確實認為這是千真萬確發生的事實，雖然這就像是暗示還有一個宇宙存在，在那裡的我沒有天天穿著牛仔靴，那真是令人難過。

理論上，這代表有一個幾近最理想的宇宙（即烏托邦宇宙）和一個幾乎絕對稱不上理想的宇宙〔即墨菲定律（Flamin' Law，編按：意指凡是可能出錯的事就一定會出錯）宇宙〕，而這中間還存在一系列宇宙。我希望我們的世界是朝向烏托邦那端走，但誰也不知道是否如此；理想境界難以衡量，但我十分篤定，我們不會活在最糟糕境界的墨菲定律宇宙中，因為我們有香辣奇多玉米棒（Falmin’s Hot Cheetos）。

如果物理學家說對了，那麼某一處就會存在少了香辣奇多玉米棒的貧困宇宙，人們的舌頭不辣傷，眼睛也不會辣到流淚，反倒比較不開心。這全是因為他們錯過一道關鍵的潛在深刻見解，所以宇宙岔開了，他們得到的宇宙不如我們的宇宙。潛在的深刻見解真的就是這樣：認識潛在分歧以及在宇宙光譜上能靠近烏托邦端點的機會。潛在的深刻見解反映出兩個宇宙之間的距離，一經驗證，即可讓我們開始理解兩者之間的差距，以及如何設計介入以縮短差距。

就必應教室特別版而言，這道深刻見解是「孩子們搜尋的次數並不像他們天生可經證實的好奇心驅使他們想要這麼做來得多」。我們設計介入多元宇宙，使我們從多元宇宙中「孩子們不常搜尋」的不理想分支，移動到「孩子們會主動搜尋」的相對優化分支。以香辣奇多玉米棒為例，深刻見解則是「真的沒有一根奇多玉米棒是專門提供給拉丁裔市場的」。

香辣奇多玉米棒的故事十分有趣，是介入設計歷程中意外得出的案例研究。故事主角是任職於曾為全球最大休閒食品製造商菲多利〔Frito-Lay，編按：一九六五年與飲料商百事（PepsiCo）合併，洋芋片品牌改名為樂事（Lay's）〕的警衛理查・蒙塔涅斯（Richard Montañez），他拿到一些原味奇多玉米棒，而萌生沒有拉丁口味奇多玉米棒的深刻見解。因此他自己創新基本上是「elote」（撒滿香料的墨西哥街頭小吃烤玉米棒）的零嘴，並如同非正式試驗一般開始與周遭朋友分享他的創意。他們的熱情驗證這道深刻見解，蒙塔涅斯還致電給鼓勵進行更大規模試驗的執行長。蒙塔涅斯以真正的試驗形式自行製作並包裝全新零食，然後呈現給執行長團隊。更正式的市場測試擴大規模，因而成為樂事洋芋片最暢銷的零食產品。這一切都來自那一道核心深刻見解：有一個另類而且比較優化版本的世界，樂事洋芋片確實在那裡做出拉丁裔口味的產品。

介入設計歷程之所以存在就是為了讓這種另類現實應運而生，以採用潛在的深刻見解，並挖掘出個中潛力，確認它是否能創造價值。潛在的深刻見解有四大主要類型：量化、質化、隱含和外部。

顧名思義，第一種是由數據推動。它通常是經由辨識某一套模式（像是似乎一直突然出現的非預期和無從解釋的相關），或是研究離群值（無論是正或負極端）而來。這是僅只是投注於數據資料非常重要的原因之一，以及為什麼不該由假設驅策所有投注於數據資料的現象。尋找新穎潛在的深刻見解是指關注以往未曾留意的事，但如果你依賴現有假設帶頭前進，那會非常難以辦到，而且還會嚴重綁手綁腳。當你讓數據帶出潛在的深刻見解時，經常會發現一些自己好像一直都知道（因為你的大腦喜歡自我感覺和諧與聰明），但永遠不會推理出前後因果的事物。

質化深刻見解也差不多，但它來自主觀經驗而非精心整理的數字表格。如果你曾經站在路邊觀察行人，大腦因而受到一點激發，會說「嗯，那很有趣」，你就產生質化深刻見解。與他人交談、觀察世人的多樣性，可說是產生這些深刻見解的最佳方法（無論他們是否已經使用過你的產品；有時甚至有助於刻意了解那些不曾使用的人），以及那些我們都知道卻很少去做的事。查爾斯．皮爾森（Charles Pearson）是一名三葉草健康公司（Clover Health）的使用者研究員，為三葉草健康公司員工籌辦志工之旅，參訪年長者居住社區，好讓他們親眼目睹在美國變成老年人是什麼景況。這就是正確的策略，或許你不能擠出深刻見解，但可以創造一個讓它更有可能出現的環境。量化等效（quantitative equivalent；編按：在命題邏輯中，若數量參數相同，結果會同真或同假）讓組織的資料倉儲可以採用開放資料方式，這是另一件三葉草健康成效顯著的工程：公司內部任何人都可學習三十分鐘的結構化查詢語言（structured query language），然後就可以著手產出深刻見解。

隱含的深刻見解不是經由直接觀察所得，它們就像常識，存在於你的組織裡面。必應教室特別版真的就是從這裡開始，微軟每一名員工只知道學生不常搜尋，但無法真的確定為什麼他們會知道這一點。請留意那些隱含的深刻見解，特別是當你第一次進入一家組織時。我有一道非正式的原則，也就是不會在新工作的頭一年管理別人，正是因為我想聽聽大家認為自己已知的事物，因而我可以開始驗證或摒除它。但是當我管理別人時，會請新手和公司同事共進午餐，記錄他們聽到的隱含深刻見解以便在未來加以驗證。因為一旦你沉浸其中，就會傾向接受其他人認為確切知道的事物，很快就失去外來觀點。

最後是外部的深刻見解。這些是來自你的組織所不及，但反而是廣闊世界所揭露的深刻見解。研究論文是外部深刻見解的良好來源，但就算只是與其他產業和專業有如異花授粉一般跨界整合亦然。我最喜歡的消遣之一就是隨機帶研究生外出午餐，然後試著找出他們所在的領域裡大家都認為真確且我的工作可能適用的主題。就我所知，研究生是學術界裡尚未開發的最大獨特資源，他們選擇投身於一道主題，但業內沒有人曾經提供他們機會談論它。請記下來：請研究生吃午餐。更好的是，將他們視為深諳某件事的顧問，並支付與他們所具備的知識等值的報酬。因為正如同隱含的深刻見解一樣，你需要除了自身以外的人們投入其中，才能真正充分利用介入設計歷程。

無論是哪一種深刻見解帶來這道歷程，你都不該單純地假設真相。請記住，在科學中，一切事物在經證實前都應假設為假。特別是對於隱含和外部深刻見解，人們會僅就他們從別處耳聞的事言之鑿鑿。在一些瘋狂的電話遊戲中，這種做法經常扼殺原本的深刻見解。因此，一旦潛在的深刻見解浮現，就必須透過「驗證深刻見解」這個動作來加以驗證。在此，我追求收斂效度：讓不同來源的證據支持相同的結論。例如，如果我們正在研究處方藥，從家庭和輸入的地址資料假設，人們可能不會去最合適的藥局。我們便應該使用其他來源的深刻見解，以便採三角驗證來印證這道潛在有效的深刻見解。對於質化驗證，我們也許可以直接與成員交談、查看通話紀錄，並打電話探聽或詢問藥劑師他們觀察到的事情。我們還可以請教組織裡知識淵博的成員，請他們站在純然主觀的立場來評斷這些深刻見解是否為真。我們也可以調閱關於選擇藥局趨勢的外部研究〔Google學術搜尋（Google Scholar）是你的好朋友〕，以便了解我們組織外部的知識。

驗證必須深深嵌入整道介入設計歷程中，從頭到尾都不能中斷。你可以把它想成是打造一張桌子，你會想要多釘幾根桌腳，並盡可能讓它們分開，好讓結論站得住腳。這是我們反抗《廣告狂人》世界的方式，在那個世界裡，人們僅根據個人看法建構事物，然後操縱數據或其他來源，好讓它們看似有憑有據（各地的數據科學家現在都心領神會猛點頭）。你的大腦就像是懶惰的混蛋，傾向於欺騙和使用我們稱之為驗證性偏誤（confirmation bias）的資訊：一旦你開始相信某件事，大腦就會開始選擇性地留意證據以便支持這道信念。這是因為改變想法必須消耗認知資源，但我們的大腦不折不扣是顆沙發馬鈴薯。收斂效度的來源越多，就越不容易成為驗證性偏誤的受害者。

拉開桌腳之間距離的有效方法就是，將每種類型的驗證工作各自分配給專門研究這套方法的不同類型研究員，然後交叉訓練他們以便能相互檢查。如果每名研究員在一起開會之前都是獨立工作的型態，就會比較不傾向於欺騙並處理未經驗證的深刻見解，或是避免太早就達成團體共識。我在三葉草健康公司的團隊包括量化和質化研究員，並招攬外部碩士或博士生輪流擔任為期三個月的研究員，專門負責外部驗證（再說一次，研究生是你的朋友）。每週一次，研究員和專案經理會為了收斂效度聚在一起互比深刻見解，以便找出源自某一門學科（這們學科也是其他學科可以深入了解的）的潛在深刻見解。他們也有設定試驗啟動時間（time for test-firing，簡稱T time）。

優秀的行為科學家都是T型人才：擁有專精的領域（直向的腿），加上跨學科的廣泛興趣（橫向的臂）。因此，每逢星期五我們都會撥出一小時，有人會把他們從腿部得到的方法教給我們這些其他學科的人，拓展我們的手臂；接著我們另外花一小時像功能團體般討論，這樣一來各學科內的研究員都可以深入擴展他們的腿。

花大量時間培訓的原因是，這種交叉驗證實際上貫穿整個介入設計歷程，有助於我們避免基於錯誤假設就衝動投入巨大賭注。我們永遠無法肯定任何深刻見解、壓力或介入背後的真相，但透過從數據和觀察所做的三角驗證，並在結構上排拒容易淪於一言堂的團體迷思，我們可以排除風險並提升成功、規模化結果的機會。這是行為科學，就某部分來說，科學代表出錯的意願，這就是為什麼優秀的管理者會同樣獎勵無效深刻見解和有效深刻見解的原因。

專注你正在驗證的內容也很重要。人們太常只是把研究當作驗證性偏誤的事後程序，用以肯定他們早已認定自己所知的一切，特別是如果那些提出深刻見解的人和負責驗證深刻見解的人掌握不同的組織權力。在「推出（產品）去就對了」（just ship it）的文化中這一點被誇大了，因為他們會用最小可行產品（minimum viable product）取代使用者研究。現行想法因而變成，如果你單單推出一款產品，你唯一真正需要研究的重點是人們對這項產品的反應。但是，你真正驗證了什麼？如果我們只是推出香辣奇多玉米棒，而且它們並未立即受到歡迎，那我們應該歸納出什麼結論？是拉丁裔市場不吸引人嗎？零食行銷成效很糟糕嗎？味道不對嗎？反之，要是它們很受歡迎，但你不明白為何第一種版本奏效，往後要如何推出新版本呢？

驗證的要點是，它讓我們不用絞盡腦汁想出奇謀妙計，然後期待可以正中紅心的方式改變行為，而是透過科學進程確保我們做得到。完全可以肯定的是：「推出（產品）去就對了」文化是以創辦人為中心和冒險神話的產物，這種神話實際上只是特權，並用散牌暗中動手腳的伎倆。華頓商學院教授格蘭特源源本本在著作《反叛，改變世界的力量》（*Originals*）中揭穿這點，而且他不是唯一這麼做的人；側重冒險是認知偏誤的產物。記住街頭小子所說：驗證造就排序較小的順子（straight；編按：指五張點數相連的撲克牌）這種不錯的牌，然後再添一點拳擊智慧：慢則穩，穩則快。在驗證中，沒有所謂浪費時間的說法。

全員大會與深刻見解的多樣性

想想我們的朋友蒙塔涅斯這位改良神聖奇多玉米棒的騎士，他將自身的深刻見解轉化為極度成功（並且極度美味）的行為改變之道，其實不算是特別具有代表性。你是否留意到我指出他是一名警衛？來自低代表性的少數群體？而且我也說他打電話給執行長？這是因為，擁有五萬五千多名員工的菲多利洋芋片做出全業界鮮少公司會做的事：聽取員工意見。他們在員工到職培訓中鼓勵新人，在自認為有必要的時候就打電話給執行長（強大的促發壓力），並因此提供執行長辦公室專線（降低抑制壓力）。

橫向產生深刻見解（就是跨越階層制度），在公司內部行得通的原因有很多。以蒙塔涅斯來說，根本沒有歷經正式的提議過程：他有個想法，於是不管自己所在的職位，直接上達天聽。看出你的消費者和員工之間的相同之處，這是少見卻堪稱典範的例子。在這種情況下，這是一道全面皆贏的結果；蒙塔涅斯現在是樂事洋芋片的高級主管，也是位激勵人心的演講者，他傳遞的訊息是，每個人在工作中都有發表意見的價值。

這起成功案例不只是樁偶發事件，樂事洋芋片特地設計一套允許潛在深刻見解浮出檯面的系統。跨部門溝通與合作的歷程將說明，你的組織中存有產生潛在深刻見解的能力，你投入蒐集和驗證的資源也將如此。對於必應教室特別版，我不得不自行在量化和質化上進行驗證，這種做法違反我們的分工規則，而且還會讓人累個半死（我在微軟期間因此哭過幾回，也曾試過憤而求去）。允許人們擁有他們的深刻見解，同時為他們提供便利的驗證資源，這是兩全其美的做法，極有利設計介入歷程。

一般來說，這是因為如果在歷程啟動之際就盡可能蒐集到很多潛在的深刻見解，會促發更好的介入設計，這是一個巨大寬廣的行為改變機會漏斗，隨著施加壓力前進而逐漸越收越窄，我們就能成功地設計介入。要是打從一開始我們就擁有越多的深刻見解，就可以越快、越仔細驗證，設計越多介入。設計越多介入就代表越多的前導試驗，當我們仔細、迅速驗證這些試驗時，就會獲得更多讓我們進一步邁向烏托邦宇宙的奇多玉米棒口味，一種零食一種零食逐一推出。

我忍不住要再奉上另一道例子，特別是因為它突顯美國前總統巴拉克．歐巴馬（Barack Obama）是個常年慣犯（他主政白宮時，首度正式設立行為科學中心）。在執政期間，他利用白宮收發室大量蒐羅美國一般民眾潛在的深刻見解，然後另外轉交工作人員過目並驗證。歐巴馬稱得上是行為科學家，你看，不是只有警衛會這麼做！

美國男裝電商品牌波諾波斯（Bonobos；編按：二〇一七年被實體零售龍頭沃爾瑪〔Walmart〕收購）也是個好例子，可以說明另一個橫向有效的原因，亦即它尊重人們對反事實世界的觀察和願景。如果一名小腿肚粗壯的員工為窄管褲是否合身感到苦惱，他不會因此感到不好意思，反而會受到鼓舞昭告其他員工。微軟前執行長史帝夫・鮑默（Steve Ballmer）因曾在公司全體會議上開玩笑，作勢要腳踩一名員工的蘋果手機而聲名大噪，雖然是無趣的玩笑，卻發送出相當錯誤的訊息。記得我稍早曾說，初進公司時拒絕管理他人以便保持客觀性嗎？是的，我們需要使用自家產品，但我們也應該要尊重他人使用產品的體驗，以及他們可能會有的其他合理選擇。

粗壯小腿肚先生的深刻見解有其價值，因為想必也會有另一個人面臨同樣問題，波諾波斯回應了他的深刻見解，便將得以販售某種足以吸引更多顧客的款式，它體現那個無論身形如何，褲子總是合身的更美好世界。此外，那名員工感受到有人在傾聽，當他以「忍者」客戶服務代表的身分回到自己的辦公桌時（是的，這就是他們在波諾波斯的稱呼），也許也更容易真正傾聽客訴、支援公司，這才能真正讓他的雙腿自在伸展。周到的客服會讓顧客開心，而顧客又和員工無異，若此，何不利用內部資源來為你並與你一起改變行為？

如果你在樂事洋芋片，會問員工想要開發什麼新口味；如果你在微軟，會清楚所有員工的電子郵件地址，並按月舉行全員大會；如果在波諾波斯，你帶著特製的合身策略上街（或是辦公室走廊），讓各種身形尺寸的男性員工化身為你的合身模特兒，並接受他們的反饋。這裡有明天你可以採取的行動：出門上班並試著和警衛聊聊。如果你不知道該怎麼做，泰半有問題。

本質上來說，產生深刻見解是令人興奮的事情，就像行為改變本身一樣，都是人類天性。我們對其他世界的想像力往往讓我們在這個世界的生活過得去，因為可以在活躍的特藝色彩（Technicolor；編按：好萊塢的電影特效大廠）集團中清楚看到我們自己潛在滿足的結果，即使稱不上有趣。確切說來，深刻見解讓我們以終為始；那個還未成真的宇宙已經靠近到你可以品嚐個中滋味，也許它的味道就像刺激的奇多玉米棒一樣，直到有人任由自己的味蕾在前方引領，走上通往更美味和優化世界的新道路才開始出現。

關鍵是將這些深刻見解聚焦在行為上，而非在創造它們的方式上。你必須愛上問題本身，而非解決方案，因為即使我們喜歡談論奇多玉米棒，真正的深刻見解是，拉丁裔市場的成員並未按照他們愛吃的程度吃下那麼多奇多玉米棒。我們需要適合粗壯小腿肚的窄管褲，但達成目標的方式不只一種，這就是為什麼我們著手進行介入設計之前要先寫下行為陳述，也就是，下一章。

第三章

行為陳述

我是個手藝普通的廚子，我喜歡餵食人們，而且總是準備太多食物，但我不是什麼厲害的真空低溫烹調法高手。貨真價實的廚師經常對我的烹飪表達出溫和、仁慈的憐憫，好比一位專業的美食部落客朋友曾大力稱讚我做的美味泰國咖哩，但我無心告訴他本來是打算做成印度咖哩的。

不過這頓飯不算失敗，為什麼？因為儘管有意要做印度咖哩，但「煮出好吃的印度食物」並非我的行為目標。我做飯是因為想讓人們歡聚一堂，我希望大家能夠歡暢談話，我想對他們微笑，我想讓他們彼此開懷。我真實的行為陳述是關於一訪再訪的食客：我希望無論煮什麼，人們都會回來這裡混一頓飯。桌面放的是實際的食物，無論是好吃的泰式還是糟糕的印度式，或是其他任何可以吞下肚的東西（即使是難以下嚥，仍可能開啟不同類型的談話），只要能產生這個結果，其他小事也就無關緊要了。

介入成功還是失敗取決於我們如何界定行為目標。如果想得到的結果是煮印度料理，一桌看似泰式的菜餚便是失敗到家，但如果目標是讓人們歡聚一堂，首先就要決定你想要誰來，然後像美國男星凱文・科斯納（Kevin Costner）在電影《夢幻成真》（*Field of Dreams*）裡那樣，如果你蓋好棒球場，他們就會來。如果我們接受本書的目標，亦即置行為改變於我們創造歷程的中心，那麼我們若想成功，便需要清楚表達我們想要實現的行為結果。換句話說，我們必須以終為始（沒錯，我會一遍又一遍複述，請試著習慣）。

為此，我們寫下行為陳述：從確切的行為角度闡述我們努力創造的世界。描述這個從我們的深刻見解和驗證深刻見解中所理解而存在的反事實世界，為我們在介入設計歷程這條黃磚路〔yellow brick road；編按：出自電影《綠野仙蹤》（*The Wizard of Oz*），意指金碧輝煌的成功之路〕上的下一步奠基，也就是壓力場測繪

（pressure mapping）與最終介入設計。

正如本書提及的眾多事物一樣，要設定明確目標這點似乎顯而易見，但回頭想想必應教室特別版，行銷部幾乎立即迷上這道歷程，夢想著推廣宣傳活動激發學童的好奇心，他們一旦決定好採取這個感覺起來有希望的介入，就忽略了我們實際關心的事情。你會看到這種情況反覆發生，這便是現代商業的主要謬誤。

如果這感覺很熟悉，請別擔心。實際上，傾向注意歷程而非結果是種自然的心理運作：因為我們將大部分認知資源花在當下正發生的事情上。這是有道理的，因為的確是必須採取行動才能創造變革，我們偏向專注那些立即的行動以及正在進行的方式，而非結果。方法凌駕目標之上，或者是說，**什麼原因**、**如何發生**凌駕在**何以如此**之上，在心理層面上這些行動越是可行，結果則逐漸越離越遠。這就是介入設計歷程這種架構如此重要的原因，我們抵抗我們與生俱來的偏誤的歷程，才能據此選出更妥善、更清晰的方法來獲取我們所想要的事物。

行為陳述的關鍵在於，它就是具有「可以滿足」或「無法滿足」的二元條件。

一段典型的行為陳述由五項變數組合而成：

當〔人口群體〕想要〔動機〕，而他們〔局限〕時，他們將〔行為〕（以〔數據〕來做估測）。

如果上一段句子的文法讓你的大腦有點打結（我的編輯就真的打結了，而且很多次），且容我們倒帶，回頭界定每一項變數，這樣我們才能用同一種語言溝通：

人口群體＝你試圖改變行為的群體。

動機＝人們為什麼參與行為的核心動機。

局限＝在你控制之外，行為發生所需的二元先決條件。

行為＝你希望人們在有上述動機和局限時，依然絕對會做的可測行動。

數據＝你如何量化他們正在做的行為。

請注意，其中每一項都可以用〇或一、是或否回答，無論你是否置身目標群體中、想要或不想要什麼、滿足或不滿足這項條件、做或不做這件事、有或沒有證據。

行為陳述如何在自然環境下起作用？讓我們來看一個就我所知最清楚的例子：優步在催生一段非常清楚而直接的行為陳述方面做得十分出色，這也是它成功的主要原因。

順帶一提討人厭的崔維斯。如果你是執行長，卻沒有在自家公司內部積極反對性別歧視，那你就是性別歧視者。即使他不再是執行長，仍然擁有公司絕大部分股份，每回你搭乘優步他都會獲利。我使用優步的例子，是因為我想要特定的行為結果（你在閱讀本書後應用介入設計歷程），以及你並不用總得喜歡一項介入才能讓它起作用。不過老實說……去他媽的崔維斯，改搭它的對手來福車（Lyft）

吧。

優步問世是為了解決舊金山的交通問題，當時網路公司正遍地開花，但舊金山與紐約市的商業中心不同，它缺乏大型地鐵系統，單單是走上街叫車都不容易。這是一個蓬勃發展的產業帶來嶄新而強大的誘因，因此優步最初的行為陳述也許看起來像是這樣：

當人們想要從A點到達B點時，手上有連網的智慧型手機、電子支付工具，而且他們住在舊金山，就會使用優步（以「搭乘」來做估測）。

看似簡單吧？它具有一句完整的行為陳述所具有的優點：當謹慎落筆時，易於理解、有效闡明，而且文法正確（親愛的文字編輯，行文至此正好想起你）。在個別情況下也幾乎不會產生被誤解的風險，是二元而且可以預測的。儘管行為陳述容易表達，卻並不代表容易撰寫，我保證你會花費遠超出原先計畫的時間與它纏鬥不休。要相信這項工作值回票價，紮實的行為陳述將比起你寫下的任何一個句子更能推動事情邁進。

讓我們拆解優步的行為陳述，看看為什麼行得通。

人口群體＝「人們」

優步真的是人人可用的應用程式。如果一隻雞有能力想出如何使用智慧型手機，我很確定優步也會願意載這隻禽鳥過馬路。

事實上，有兩方面相當不尋常。首先，因為很難找到顧及全體人口的一致動機，大多數產品和服務都擁有一批正確的受眾和另一批更廣大的非正確受眾；其次，一般的經驗法則是，一個組織擁有越少資源，行為陳述必須越狹隘、具體。優步是一項非得奮力一搏否則就得打包回家的典型賭注；它不打算只是成為比較完善的在地計程車行，因此一開始就瞄準非常廣泛的人口群體是可行之道（但是人已經且即將針對極少數的其他人）。對於蒙塔涅斯來說，在他的行為陳述中，人口群體是指拉丁裔；就我在必應的工作來說，是美國接受免費義務教育的幼稚園到十二年級（K-12）的學生。

動機＝「從A點到達B點」

優步的動機也具備易於界定的長處，並有一些格外重要的特點。首先，想從A點到B點的欲望沒什麼特別。如前所述，它的服務並未針對特定人口群體，而且它們也廣泛適用各種時間、地點。當然它們得處理尖峰時段叫車量遽增、凌晨三點叫車量遽降的問題，但是人們在一年當中的每一天，無論晴雨，都需要前往某地，從許多A點到許多B點。

從另一層意義來說，優步的需求也算很大眾化：人們習慣於使用許多種方式四處移動。如果你當時住在舊金山，可能會採行的方式就結合有汽車（包括計程車）、輕軌、火車、巴士、渡輪和步行。讓人們改用新的運輸方式並不費事，因為他們早已使用的工具就已經有這麼多了。當然，有些根深柢固的習慣是為了實用性，像是人們知道若想穿梭城市之間，什麼是最有效、看到最優美風景又最安全的方式，這些取決於對他們來說什麼事情才是重要的，但這些習慣稍嫌薄弱且又易於打破，因為首要的習慣是複選運輸方式。

總而言之，這些都是優步在初期階段貌似強大的優勢。挑選正確的動機並不在經常討論的範圍，但是做得好的話可以獲益良多。

局限＝「有連網的智慧型手機、電子支付工具，並且住在舊金山」

實際上，這一部分是優步的行為陳述中最令人望而生畏的部分。在二〇〇九年，持有智慧型手機並不算普遍，行動電話網絡服務則還是假定事實，而且人們也還不習慣在應用程式裡儲存信用卡等個人資訊。真是要命，二〇〇九年時，美國有一五％成年人甚至沒有任何一種電子支付工具。[4]

但優步是一家初創企業，不需要每個人都參與其中才能運行，只需要展示出十分可行的模型吸引下一波資金就好。像舊金山這樣一個年輕、以科技為中心的城市再合適不過。

儘管所有行為陳述的變數都是二元的，但特別值得注意的是，在規模上並不存在局限：它們只能是「一」或「〇」、「是」或「否」；某人有或沒有智慧型手機、有或沒有電子支付工具，以及住或不住在舊金山，這些要素明顯超出公司所能自主掌控的範圍。這一點很重要，因為很容易將抑制壓力列為局限，舉例來說，能不能負擔得起搭乘優步，實際上是關乎費用，但是對費用的看法經常多變：介入可以加強或削弱看法。

千萬也注意，不要納入某些你打算透過行為改變進一步修正的局限，這是因為雖然使用優步的先決條件是要下載優步應用程式，但是這一點並非局限，因為優步的工作便是讓大家都願意下載使用，而非讓使用者搬到舊金山，或是給他們智慧型手機或信用卡。局限會存在正是因為我們明確選擇不以它們為目標的介入行動。

行為／數據＝「使用優步」／「搭乘」

這就是優步真正抓住要點之處：它們知道要讓人們去做（使用優步）究竟需要什麼，以及要如何評估它（搭乘），還有額外的好處是，產品本身就會產生數據，不必另外蒐集。當然還有各種其他指標，例如註冊和打開應用程式，以及公司內部追蹤的其他一切事物，但行為目標本身會自動測量、數據完整且近乎即時。

當你開始發想自己的行為陳述時會發現它是多麼難能可貴，以香辣奇多玉米棒為例，估算零售銷量本身就是一整門產業的事，因為像是到底有多少包奇多玉米棒即時、即地、實際售出這類動態相當難以追蹤。我寫這本書的收入將根據書籍銷售總量計算，但是要以任何即時的方式找到並驗證這個數字幾乎不可能，因為書籍必須先配送到書店，最終賣不出去的書會再運回來，既然如此必須考慮退書，尤其是那些不喜歡看到書中爆粗話的讀者。這是網際網路發達的原因之一：它一邊發展就一邊產生數據，為行為改變創造反饋迴圈。

行為陳述的常見錯誤

但願優步的例子強調出行為陳述有多簡單，不過正如我先前提及，不要落入誤將「簡單」解讀為「容易」的謬誤。撰寫一份出色的行為陳述很難，而且是介入設計歷程最困難的部分，同時若想做到好還必須避免幾道常見的陷阱，因此先讓我們花幾分鐘討論，再進入壓力這道主題。

選擇錯誤的行為

最常見的錯誤無疑是，你在思考想要改變的實際行為時不夠周密，通常是因為你多半只注意到聽起來很好而非真正很好的部分，這大半是因為你努力撰寫願景陳述而非行為陳述。舉例來說，多年來微軟的願景陳述是「每張書桌及每戶人家都有一台裝載微軟軟體的電腦」，雖然我喜歡這項願景，也喜歡它在全世界創造出（而且還在繼續創造）的龐大好處，但這是一段糟到不行的行為陳述。

怎麼說？因為單單具備電腦實際上並不是一種行為，或者如果算是的話，它也只限於一次性購買行為。你若真的想看穿問題癥結，試想這道願景陳述確實為真的一個世界：每戶人家和辦公室都備有一台電腦執行微軟軟體。現在你設想它們的插頭都拔掉了，機身蒙上一層厚厚的灰塵，上週的待洗衣物散在四周，因為沒有人真正想要使用它們。關於微軟陳述的任何內容都與假設性現實不相容，因為這道陳述只是關於某一樣物體存在某一處特定地點，僅此而已，它未能提及實現願景陳述中所隱含的**行動**，亦即那些我們所知所愛的可估測行為。

你也許會覺得這個例子很可笑，但實際上這句話真的將微軟拖離正軌。多年來，微軟的Office系列產品和技術團隊都以銷售是重要指標為導向，據此，他們專注開發的特點是一般家庭消費者毫不關心，但卻吸引特定企業客戶。也因此，他們不斷導入無數功能，專注於將軟體擴及到日益成長的小群體，像是創建深度巨集系統使Excel成為現代財務分析背後的巨人；創建複雜的標示語言，讓Word成為出版業不可或缺的部分。你說你不知道那些功能是啥玩意兒？其中大有原因，它們也許不是為你量身打造，而是想要另外多賣一些使用權給某些企業客戶。

要命的是，業務員甚至是依照賣給企業客戶的使用權數量賺取佣金。因為，請謹記，如果我們希望每台電腦都執行微軟軟體，職場才是電腦的主要買家，所以微軟只要把每個人都導向銷售目標就可化願景為現實了。

問題在於，每當續約時間到了，各家企業技術長總是嘗試裁減合約，因為他們發現組織裡沒有人真正在使用微軟的軟體！Google文件（Google Docs）之所以會存在就是因為微軟不關注使用者的實際體驗，但這卻是它早就應該監測的行為。當它這麼做了之後，才將內部思維從銷售指標扭轉成使用指標（即使是業務團隊也要換腦袋），因而打造出Office 365和功能區（ribbon bar）介面，這才終於讓我們這些沒有財務或出版背景的人可以接受Excel和Word。

我的編輯會恨死我，但我忍不住再舉另一個微軟的例子（再次聲明，我不是要抱怨微軟有多糟；其實我持股不少，而且我喜歡在微軟工作）。回到先前的願景陳述：每張書桌都放一台電腦。你要怎麼做到？盡你所能將電腦買價壓到最低。

微軟就攜手全球晶片龍頭英特爾（Intel）這麼幹了，推出所謂輕省筆電（netbook，或稱小筆電），就是一種低功耗、小尺寸，而且著重最基本運算的產品。這種做法就像當初銷售Office使用權一樣，竟然「行得通」。二〇〇八年，輕省筆電推出後不久，筆電銷售量首次超過桌上型電腦。

問題在於，二〇〇七年問世的輕省筆電效能只能比得上二〇〇一年出廠的精良筆電（不過必須承認，兩者價格差很大），買時很划算，但用時超抓狂。這是因為即使號稱最佳微軟體驗，降格安裝在廉價、功能貧乏的機器上，一樣會變成一種獨一無二的折磨，反而對品牌構成巨大挑戰，因為買家會將打折的體驗和運作系統牽扯在一起，不會想到其實是自己買到一台跑得慢的爛機器。作業系統Windows Vista大約同一時間推出，結果幾乎是人人唾棄，大多數人一聽到這個名號都幾乎忍不住打哆嗦，導致微軟不得不延遲推出像Windows 8和Windows 10所能提供的豐富體驗，因為它必須先支援數億人口使用它們的爛電腦。

微軟聚焦個人電腦和軟體銷售，忽略運算這項行為本身；與之截然相反的例子是蘋果公司從未賣過一台沒有明確相容作業系統的電腦，這代表著，一談到超凡體驗，無論是硬體或軟體，絕不會犯下任何潛在混淆的錯誤。你從來就不用擔心全新的蘋果筆電MacBook或iPhone會因為搭載沉重的作業系統而連連當機，這是因為蘋果打從一開始就非常重視使用者體驗。

微軟最終就像重新打點Office一樣，迎頭趕上推出Surface系列產品，這樣一來，它就可以像蘋果一樣讓大家都知道，只要做出一台夠力的電腦，視窗還是可以運作得好好的。一連串這類行動就是刺激微軟股價上漲五倍的原因，這段期間我也正在微軟任職。它的企業文化開始充斥著聚焦於使用經驗，因此才轉型成為現任執行長薩帝亞・納德拉（Satya Nadella）全面翻新的今日微軟，它選擇更適切的行為，因此獲得回報。

選擇不作為

比挑出錯誤行為更糟糕的選項可能是毫無作為，這是第二道最常犯的錯誤。

發生時機往往落在人們注重願景陳述的程度遠超過行為層面時；再者，它經常出自以行銷或產品為中心的執行長，表現形式多半是發神經地宣揚「我們的工作就是讓客戶喜愛我們的產品」這種老套口號。

那句話究竟是蝦米意思？

喜愛不是一種行為，你無法就實物層面觀察，因此無從測量它。也就是說，如果你嘗試為喜愛而進行設計，終將無可避免地落入二〇〇〇年代初微軟的窘境。「顧客的喜愛」只是「廣告狂人」花錢在自己所喜愛的事物上，之後再想出因果關係的說詞。

由於你無法測量顧客的喜愛程度，因此無從證明任何特定介入實際上會讓顧客喜愛你的產品。也就是說，你無法一一比較介入，導致整套設計介入歷程短路。你的行銷團隊將花費數百萬美元，並且是端出客戶喜愛當作正當理由，同時你的產品、技術、銷售和其他團隊則將採用完全相同的解釋反向操作。一份少了行為的陳述將是你無法用以定向的北極星。

縮頭縮尾的行為陳述

就這一點來說，正如此時你無疑已在本書中察覺到，我相當……**咄咄逼人**。如果你想說那是一種人格缺陷也無妨，但實際上，這種特質是成功撰寫行為陳述的重要特徵。

優步的行為陳述描繪出一個世界：人們需要從A點移動到B點時總是使用優步，不是有時，而是**總是**如此。正如優步企業史上的其他事件一樣，這句陳述很有種。現今我們有許多運輸方式，一般來說汽車不一定總是最佳選擇，好比會有交通會打結、溫室氣體排放爭議、潛在停車費與輪胎遭竊等問題，所有限制壓力都是人們不一定總是選擇汽車的原因。那麼，為什麼要描述得如此絕對確實？

因為這樣會讓你更可能達標。一套典型以歷程為基礎的設計系統會問：「如果我們站在這裡，要如何帶球跑過前場，更接近目標？」而我希望你這樣問：「在完美世界裡，球已經越過前場觸地得分了，我們應該採用什麼戰法實現這個目標？」這兩套陳述聽起來都一樣，因為它們都視現實世界與理想境界為球場兩端，也都試圖激勵我們從此端到達彼端。但這就是那些討人厭的心智探索礙事之處：定錨和校準。

來一個快問快答：自由女神像有多高，比三公尺高還是低？顯然更高，但高出多少？看在時間不夠的份上，而且我也聽不到你的答案，就說你猜三十公尺好了。現在我要來問別人同一道問題，但是措辭如下：自由女神像多高，比三百公尺高或低？你也許會說可能比三百公尺低將近一半，也就是一百五十公尺。現在，比較兩個同樣有效的猜測，三十公尺和一百五十公尺差很大，源於我在這道問題中設定的錨點，我在三公尺、三百公尺或哪裡定錨會改變你的認知。*

你的錨點不可避免地會影響你為達成目標而設計的介入。如果蘋果是依據索

---

* 我幫你省點上網搜尋的時間，不用謝我，自由女神像實際測量是九十一．五公尺。"How Tall Is the Stature of Liberty?", 2009, www.howtallisthestatueofliberty.org

尼（Sony）的CD隨身聽（Discman）的使用方式、有限的儲存容量，而設計出數位媒體播放器iPod，那麼它就只會推進聽音樂行為的進化，而不是從根本上將我們移轉到一個更優化的宇宙；優步沒有將產品建立在搶進車輛服務的灘頭堡之上，而是瞄準並實現一套全然不同的行為模式。所以你在寫下行為陳述時不要含糊其詞。

堅持第一版行為陳述

最後一種錯誤比較隱晦：拒絕發展一套行為陳述。因為有時市場力量轉移，你必須扭轉公司正試圖創造的行為，然而即使目標超級膽大妄為，居然還真的讓你給實現了，而且你還必須向外拓展。

以優步為例，當我在解釋它的行為陳述時，你會注意到我採用過去式語態，這是因為這套陳述自成立以來便明顯改向，而且還將隨著公司發展繼續變化。這種情況並不少見，特別是對那些相對年輕的公司格外如此；反覆修正、擴大規模通常容許你大幅放寬行為陳述。

我在寫這本書時，優步的行為陳述可能聽起來像這樣：

> 當人們想要讓某樣事物從A點移動到B點，並且手上擁有一具連線裝置，同時也住在大多數國家的都會區時，他們將會使用優步（以「搭乘」來做估測）。

這段陳述裡有些重大變化需要解釋。第一點也可能是最重要的一點，優步已經從在地運輸公司擴展業務成為物流公司。它在招聘司機方面非常成功，但因為無法創造足夠的需求，也無法配置充足的時間，好填補司機們可以用來駕駛的時數，因而它開始遞送乘客以外的物件：外賣食物、雜貨以及其他任何需要挨家挨戶運輸的貨品，因此它將動機從只移動**乘客**擴大為移動**任何物件**。

這一步跨很大，因為開闢出全新市場，讓公司解決需求曲線問題，進而保證司機有更多收入並創造潛在商機，可以和其他大型企業建立截然不同形式的合夥關係。同時，它也強化優步更具彈性，好比說，要是人們因為某些優步無法掌控的壓力導致實際上想去的地方變少了，這種變化就會衝擊獲利；但現在優步有能力填補這部分需求，因為它已經做好更充分的準備，得以應對宏觀性的行為變化。

行為陳述確實可能受到一些外部變化影響而改變，而非產品發展之類的內部變化。以前人們習慣買手錶才能掌握時間，然後手機誕生了，突然間每個人隨時都知道當下時間。然而，手錶並未從地球或人們的手腕上消失，這是因為當手錶商看到大家都拿出手機就能取代以往它們的產品可以滿足的需求時，便重新發展行為陳述，因而發現手錶可以滿足的全新需求：展現身分地位、狀態。今天你看到人們戴著手錶，多半是當作一種自我表述的方式，鮮少是為了得知時間。配戴天美時（Timex）的鐵粉釋放出訊息，表達他們重視清晰易懂、經濟效益和懷舊；而手上掛著勞力士（Rolex）的人士則是公告全世界，他們也有黑卡和黑頭轎車。

優步還有其他變化。還記得我怎麼說明局限應是二元的且多半超出你的控制之外？由於優步不打算涉入全球的網路銀行業務，當它遷出舊金山市場時，就被迫得取消行動支付這項局限，所以在某些市場，比如東歐國家烏克蘭，你可以拿現金支付優步。

如果你拒絕發展行為陳述就代表不能去到某些地方做某些事，而且到了一定的成長水準後就再也無以為繼。我知道光是寫陳述就很困難了，但我們絕不能依戀它們，就像我們是愛上自己想要創造的行為本身，而不是創造出行為的那些介入手段，因此一旦時機成熟，我們就必須主動扭轉現況。

規劃行為陳述

我保證我們會繼續討論壓力，假使這部分讓你覺得索然無味，跳過無妨。不過，既然你已知道如何撰寫一份好的行為陳述，就如何使它在組織內更形重要這一點來看，我實在很難叫自己不要雞婆地提供一些想法。

首先，你必須讓人一目了然。但願這一點顯而易見，請把它貼在每個人都看得到的牆上，所到之處都要盡力放送，也把你規劃的歷程對準它為目標。適切行為陳述的重點在於，它會考慮到強大的決策，因為你可以明確地就它可能產生的行為比較這些可用的選項。是的，陳述也許會改變，但是唯有當你的業務隨著時代不斷發展時才會跟著改變；這些變化會是你用盡方法想要公告周知的根本性變化。顏料很便宜，把它寫在你的牆上。

其次，雖然整體來說你的組織應該只有唯一一套行為陳述，但你可以根據需要無限縮小範圍，而實際上我也鼓勵你這麼做。最終，這套用於組織的行為陳述是執行長要負責的工作，他應該為此負責：改變（或不改變）行為則應該是我們獎懲公司層峰的指標。但是，你讓全體組織撰寫各種小範圍的行為陳述，可以協助大家找到他們自主的領域，並進一步擔負起責任。

讓我們再次拿優步為例，以便保持一致性。試想一下，行銷部主管已審閱公司整體的行為陳述了，決定將創意視為他們唯一願意承認的最大次要行為，他們可以圍繞著那份行為陳述撰寫自己的版本，然後為實現行為負起責任。這種做法有可能一直行得通：某個特定區域的行銷主管可以針對更具體的人口群體撰寫一份陳述，並對此負責；往下以此類推到最低階的實習生寫下這段陳述：「當居住在洛杉磯的二十到三十歲非裔美國女性們想從A點遞送某件東西到B點，而且她們有連線裝置時，就會開設一個優步帳號（依據「開立帳號」做估測）。」

這道過程的精妙之處在於加乘。首先，在每一名個體的責任與全組織的行為目標之間劃下一道明確而直接的界線；每個人都知道為什麼自己所做的事那麼重要，而且會擁有完全自主的管區。第二，它為當責制創立明確的階層，領導者只是對大大小小行為陳述負責的人。再也無須爭論頭銜、誰是領導某件事的人、誰又不是。職階僅僅屬於行為當責的結果。

那麼，如何為組織中的某個人找到合適的行為陳述？再次重申，回到自主權和當責制。行為陳述應該盡可能規模宏大，但是其大小也要考量到能讓這個人可以單獨對它的成功或失敗負起責任。例如，如果我們讓開立帳號和行銷派上用場，行銷長就應該願意為這一套行為陳述賭上他們的工作，而且也應該讓他們有足夠的自主權以便負起責任，這才公平合理。

進行充分規劃的人，在這裡請留意：行為陳述與「目標及關鍵成果」(objective and key result，簡稱OKR；編按：是矽谷企業當紅的目標管理系統）之間的相似性。「依據數據估測」實際上就是指關鍵成果（KR），其餘部分則為目標（O），只不過是換個說法框在一起，用以描述你想要創造的理想境界。如果你正在為規劃歷程製作目標及關鍵成果，就代表你已準備要更換行為陳述內容，完全重新再導向於行為。

好了，就此打住，這道話題已經多到可以寫一本闡述如何使用介入設計歷程來設計公司內部結構和規劃的書了。最後我僅提出這句話做總結：行為陳述是為了使你的組織以特定方式行事設計而成的，而組織結構則同樣是為了同一道目標而產生的介入元素，就像其他任何介入元素一樣。前進吧！

第四章 壓力場測繪與驗證壓力

就最高層次來說，行為改變即是與將我們從A點（原本的世界）移動到B點（我們期望的世界）的介入行動有關。如果我們的深刻見解描繪出A點、行為陳述描繪出B點，剩下的工作就是要理解為什麼A點和B點不是同一點。也就是說，我們需要測繪那些壓力（它們造成我們實際擁有與渴望擁有之間的差距），這樣才會知道我們需要改變什麼。實際上這就是整本書的獨門醬汁，因為每當我們談到設計行為改變，實際上就是在談改變壓力，它們會決定行為而非直接改變行為本身。

且容我同時說明並自誇一下小兒。我執筆寫這本書的時候，也正試著成為貝爾這個小男孩的好爸爸（這本書就是要獻給他的）。照顧嬰兒責任重大，部分原因在於，無論算是好事還是壞事，這是我們生命中少數幾段可以直接控制他人行為的時期。貝爾三個月大的時候，我可以完全決定他的絕大部分行為，好比我選擇他當天的穿著、為他套上，雖然他可以拚命掙脫，讓我更容易或更難將衣服套進去，但最終他得聽我的。

但即使是初為人父母也不可能**完全**控制另一個人的行為。小貝爾有大量行為是我無法控制的，像是睡覺這檔事，我可以控制壓力改變貝爾睡眠的或然率，也就是把他搞得筋疲力盡（即增加疲憊的促發壓力），或者放下遮光簾（即減少強光的抑制壓力），但就是無法真的**讓**他入睡。如果我不能直接控制，唯一能做的嘗試就是改變方程式兩邊的壓力，以便提高理想行為發生的可能性。

這就是測繪創造行為的相競壓力顯得更重要之處。很快地，貝爾會大到自己選擇衣服，而我就像前幾代的父母一樣，將學會如何影響那些壓力，進而改變他的行為。因為在他往後的人生中會自主選擇服裝，我真的能做的事也只有這些：當他選擇沒有破洞的褲子時鼓勵他（增加選擇好褲子的促發壓力），並拒絕為他買酸洗牛仔褲（增加選擇醜褲子的抑制壓力）。我實際上無法阻止他自己購買破洞漂白牛仔褲，然後還穿著它們在鎮上四處亂晃，但是當我別有意圖地設計壓力時，就可以改變我樂見的行為發生的可能性。

貝爾就像所有例子一樣都不完美（別告訴他媽媽我膽敢這樣說）。我談到他的個人行為，但通常行為改變不是針對某個特定對象，而是在團隊、組織、城市和國家這些更大群體中改變某一種行為的可能性，也就是我們在行為陳述中提到的人口群體。此外，我們也不是指任何行為發生的時刻，而是跨越時間的延續行為，所以我們不是指十月十四日下午時刻貝爾的餵奶行為，而是在可預見的未來中，所有和貝爾年紀相當者的餵食行為。

前述段落說明行為改變這件事本身本來就不完美，你可以輸掉一場戰役（像是一個人、一個特定時刻、一樁單一行為），但最終仍贏得整場戰爭。這是真的，因為在很大程度上總體人口是可以預測的，即使任一名特定人士可能不會實現我們一貫期盼的事，但多數時候多數人們的整體行為相對是屬於常態，因為我們都受成本、可得性和普遍性等廣泛壓力影響。

若此，我們如何開始擁抱這些嚴重影響我們預測結果的壓力？人們已經製作出漂亮複雜的示意圖和系統，試圖充分描述人類精美的複雜本性。未來也可以繼續這麼做，但是我將堅持使用即使是三歲的貝爾也畫得出來的示意圖：

↑↓

我知道這是一項超級燒腦的工作，但請謹記本書的目標：未來每一天，我希望你都能實際打造行為改變。為此，有時候簡單的架構就是最理想的實現方式。

下述這些箭頭代表打造行為的相競壓力之間的平衡：促發壓力代表向上箭頭，使行為更有可能發生；抑制壓力則為向下箭頭，使行為不太可能發生。我們的實際作為是由這些力量的生產淨額決定，如果促發壓力戰勝抑制壓力，我們就行動；如果抑制壓力比較強大，我們就不行動。兩邊同樣要對最終行為負責：我們永遠不能說，人們是因為缺乏促發壓力所以不行動，因為同樣的行為可以反面表述成難以抵擋抑制壓力。

回想一下你小時候生日當天拿到的大顆塑膠氣球，它充飽氦氣，在你面前飄啊飄地，以我們稱為不動的狀態懸在空中。因為促發和抑制壓力相互制衡，所以在被定義為現實世界的A點實際上沒有任何事發生。

就像每本故事書都會寫到的情境，現在這顆氣球真的只是想要飄啊飄地飄上天空，履行它身為氣球的天命，這就是它的美好結局，亦即它的B點、它期望的行為目標。如果你從下方輕推它一下（一道外來的促發壓力），就會擾亂平衡，減損好比重力這類現有的抑制壓力，進而導致行為改變。如果你想讓它更有可能升空，大可在下方置放一台送風機，或是再多填充氦氣。

但是如果遇到滂沱大雨以致於氣球無法上升，那會怎樣？又或者你一邊試著推它向上，我反而一邊往下壓的話呢？你若想打敗那一股往下的抑制壓力，順利讓氣球上升，就得更用力往上推，或許加上一個小螺旋槳會更有幫助。又或者你必須想辦法抵銷抑制壓力，阻隔雨水或把我推到一邊；要是你真的企圖心超強，不妨試著降低重力本身。

實際上這是我們藉由壓力場測繪想達成的事情，透過理解下雨、我打壓、你上推、重力以及其他一切，我們正在奠定創造介入行動的基礎，它們才能有效改變行為，帶我們走向一心渴望的世界。直到我們至少大致理解當前的狀況，才能開始增添或移除壓力。

我們為何愛吃M&M's巧克力：探索促發壓力

相競壓力箭頭示意圖不是幫你學習概念的抽象呈現方式，而是你正要使用的實際工具。當你開始為自己製作介入設計歷程時，請先找出一塊白板、筆記本或平板電腦，畫出向上和向下箭頭，並開始在兩邊列出壓力。如果你覺得現在就練習會有幫助的話，可以畫出你自己的示意圖並現學現填；或者，既然我們想逼真一點的話，不如腦補一下我在白板上鬼畫符一般地塗塗寫寫。

且容我拿個人最喜愛的例證M&M's巧克力來講解相競壓力。先從向上箭頭開始吧，我們為什麼吃M&M's？簡單的答案是它們好吃。味道是一股強大的促發壓力，這就是為什麼它的母公司瑪氏（Mars）早已花費數百萬美元發想不同口味的M&M's，到目前為止已超過四十種（包括相當不巧克力的辣豆口味）。這種做法顯然愚不可及，因為我們都知道花生醬M&M's是所有其他M&M's口味無法望其項背的翹楚，然而瑪氏仍然興高采烈不斷研發更多口味，顯然不明白滋味是吃M&M's或任何其他糖果的主要原因。

然而，並不是單單憑藉滋味就能賣出幾十億顆M&M's。M&M's的糖衣顏色很美，賣相漂亮的食物對我們有基本的吸引力，我們天生就愛一系列的強烈原色（你可以將這個色彩癖歸咎於對鮮豔蔬果偏好上的演化結果）。如果碗中盛裝的M&M's顏色較繽紛，[5]人們會吃下更多的M&M's。一九九五年，當瑪氏拿掉調色盤裡不鮮豔的顏色（棕色，你知道的，就像大便色）時，有超過一千萬人來電投票支持它的替代色（藍色）。

顏色也許是個吃M&M's的傻氣理由，雖然重要但很少有人會大聲說出來。然而，能夠擅長壓力場測繪的部分原因便是，體認到有些事物發揮作用的程度，勝過那些被人們清楚認定影響自身行為的事物。這就是我們需要深刻見解和驗證，以及最終我們會進行試驗的原因；人類很少自我反省動機。畢竟，理論上你是一個邏輯非常清晰的成年人，是為了樂趣才閱讀本書這類非小說。儘管你知道不同顏色的M&M's實際上味道沒有差別，但仍有自己最愛的M&M's色。在孩提時期，你也許會按照特定的顏色順序吃它們（也許現在依舊如此），為什麼？因為顏色攸關我們的認同感。「你最喜歡什麼顏色？」雖然是最差勁的見面開場白之一，但人們仍然喜歡回答，因為衣櫃、配件、牆壁和文具等會形塑我們的整體生活，反映出造就我們這個獨特世代的特質。顏色是一個可預測、聽起來毫無邏輯可言，卻是促發包括吃M&M's在內許多行為的壓力，但幾乎沒有人說得出來。

你到現在還是個邏輯非常清晰的成年人，因此懷疑顏色確實有那麼重要嗎？

有一招十分有助於壓力場測繪的行為科學把戲是，在腦中顛覆情境，將它置於極端想像裡，思考如果相反的條件為真，將如何影響行為。這是因為，成功的介入是關於創造一個目前不存在的世界，你總會需要透過想法實驗並棲身假想國度才能讓它運作。有時這樣的世界是我們確知**不**想要的世界，為的就是讓我們可以更清楚看到我們想要的世界。試想一下，如果M&M’s推出青屎綠或小便黃，你還會覺得人們會很快地甩甩糖果袋，將M&M’s倒在手中，然後再像貝思水果糖（PEZ Dispenser；編按：貝思水果糖會附帶一個卡通造型的長型糖果匣，可以把已拆開外包裝的水果糖裝進去，每次壓開蓋子才取食）一樣整把倒回去嗎（除了這個笨笨的自動取糖盒，我實在想不出其他關於糖果的促發壓力）？

其他時候，引導行為的力量並不是色彩這種表面上不合理的壓力，而是像親吻表親這種我稱之為反理性壓力（counterrational pressures）：可能清晰可辨，但比較像是促發壓力而非抑制壓力，反之亦然。對於M&M’s而言，卡路里歸於此類。如果我問讀者，卡路里是否會讓人們更可能或更不可能吃M&M’s，每個人都會說更不可能。他們錯一半，害怕發胖是一股抑制壓力，卡路里是這種恐懼中的重要部分，但其實卡路里本身也可能是一股促發壓力。

這種說法似乎公然違抗我們的直覺，但卻是千真萬確。吃零食的行為何時達到高峰？下午差不多過一半的時候。人們吃午餐（越來越多是高升糖指數的食物），接著血糖升高，然後隨著釋放出胰島素壓過作用時間很短的糖分，血糖爆跌。吃零食以獲得卡路里是生理的必要反應，當你將卡路里說成是「飢餓感」時，這就是一股強烈的促發壓力。

有些品牌了解這一點，仔細想想士力架（Snickers）巧克力，它絕不會打出「士力架：我們比M&M's更好吃」這類廣告詞，而且肯定不會企圖和它在顏色上爭個你死我活；反之，它早已欣然接受巧克力棒的高熱量事實，從一九八〇年代的「士力架口口滿足」、較近期的「吃花生有活力」，到二〇一〇年美國超級盃的電視廣告裡，透過資深演員貝蒂．懷特（Betty White）飾演一名在球場上步伐遲緩的美式足球運動員，直到他咬下一口巧克力和焦糖後才變回自己，來詮釋「肚子餓時，你的表現不像你自己」的廣告詞。四十多年來，士力架的宣傳主軸一直都是，當你想要比一名九十歲老媼（沒有冒犯貝蒂之意）強壯、有活力和陽剛味十足時，你會吃士力架。

再次聲明，擅長壓力場測繪的訣竅是，學會放棄合乎常理的假定，視非理性、反理性為機會。這也是接受邊際效益遞減的事實：沒有任何行為可以全面測繪出壓力場，因此了解何時就是忍無可忍的底限，取決於市場的成熟度。有些產品類別已經存在很長一段時間，因此聚焦引發混亂、還沒被找出來的壓力是關鍵所在；其他的產品類別都還很新，因此只要讓最明顯的壓力發揮作用，便足以產生真正的變化。

如果要認真擬一張促發壓力的清單的話根本列不完，M&M's具有十分正向的文化聯想：食客都是有頭有臉、懷舊又獨特的美國人（的確，它是白宮的官方糖果）。透過好幾顆動畫繪製的超大顆糖果，描繪出這項品牌的同義詞——輕鬆享樂，這可是瑪氏花了好幾億美元打造、維護的形象。它們也無處不在，往往是校園或辦公室的自動販賣機常見的選項，讓人感到親切又自在。再次重申，如果它吃起來或看起來很恐怖，我們不會只是因為認同品牌或信手可得就願意吃M&M's，而是因為它們美味無比，所有附加的文化意涵肯定有助於刺激銷量。

我們為什麼不吃M&M's：探索抑制壓力

所以現在我們知道M&M's是美味、美好、富含對抗飢餓的卡路里，並且糖衣還塗上一層好感。你就像好讀者一般對著前面所有段落點頭稱是，此刻全然信服我們想要來幾顆的種種理由。

儘管你此刻並沒有真的開吃。

大轉向！來談談反事實的宇宙。你剛剛才認同那張冗長的促發壓力清單，但事實上你是生活在一個大部分時間都不會吃M&M's的世界，所以我無疑是個江湖術士，本書也應該立即歸還或燒毀，或是比照近來我們都怎麼處置異端邪說辦理好了。

說句公道話，你應該早已看出來了。此處提到兩個箭頭，還有「我們為何愛吃M&M's巧克力？」只是兩道關鍵問題之一。生活不只是一碗大鍋菜，盛滿未經檢驗的證據，它總會存在抑制壓力，使得任何特定行為不太可能會發生。因此，如果我們的行為陳述是永遠都愛吃M&M's，我們就需要考慮為什麼我們此時此刻沒有這樣做。

話說，為什麼此刻你沒有在吃M&M's？這就是我的讀心術心理學可能派得上用場的關鍵時刻。你沒有在吃M&M's僅是因為此時此刻你的身邊正好沒有特大碗的M&M's。我怎麼知道？這是因為如果M&M's近在手邊的話，我敢拍胸脯保證你一定會吃。唾手可得是M&M's消費的關鍵抑制因素之一，放諸生活中其他事物幾乎皆準，人類對於接近性其實是高度敏感。

我們全都憑直覺就明白這一點，試著拿「你的桌上有一盆糖果」與「房間任何一處有一顆糖果」的情況做取決，你根本不用花半秒認真思考，直覺馬上就讓你不加思索就拿起手邊的糖果放進嘴裡，但遠處那個碰都不會碰。所有壓力自有其範圍，可得性也不是非黑即白，我只要調整抑制壓力的強度就可得出可能性，也就是說，我把M&M's放在櫃子裡、三十公尺外的桌上、辦公室另一頭、另一層樓，或甚至是街角的酒吧，就可以視程度需要自我調整，進而改變相應的行為。

我們可以增強或減弱各種抑制壓力就辦到這一點。唾手可得是一項要素，但心理可得性亦然，一項在辦公室進行的研究顯示，要是巧克力放在員工的桌上，每天的消耗量會比放在辦公室任一處多兩顆；同理，要是放在透明大碗裡，也會比上漆的大碗**多**兩顆。[6]俗話說「眼不見為淨」，自有它的道理。眾所周知，Google玩這套很成功，它將辦公室所有糖果置於上漆容器中，而將水果和堅果放在透明容器裡，七個星期下來，全體員工累計減少攝取三百一十萬卡路里。[7]

反理性壓力在抑制面也能發揮作用，好比品牌操作是否符合情境。對孩子們來說，輕鬆享樂很棒，但換成想像浪漫的情人節晚餐好了，燭光、菲力牛排、玫瑰、紅酒和甜點……M&M's。千萬母湯啊！這是瑞士蓮（Lindt）巧克力時刻、金莎（Ferrero Rocher）巧克力時刻、錫箔紙包裹利口酒風味黑巧克力的時刻。同樣的品牌操作會讓狂嗑M&M's在某一種情境裡較有可能發生，在另一種情境中卻不太可能發生。

卡路里是另一道例子，促發壓力在下午以血糖的形式存在；但是當我沖完澡後得面對所謂的大叔身材時，抑制壓力就會以健康考量的形式出現。這就是為什麼我們必須在行為陳述中不僅具體說明我們想要看到的行為，也要想到在哪一種人口群體和情境中發生。

就改變強度而言，所有壓力都會與情境交互作用，在某些極端情況下甚至會轉向。就把成本當作抑制壓力為例，一美元可能看起來不多，但是看著一名五歲孩童存下零用錢買一包M&M's，或者設法解決世界上多數人每天的生活費低於二．五美元的現狀，對於抑制價格上升將如何使人們更有可能購買，你可能就會改變看法，因為高價傳達出優質或精品這兩股強大的促發壓力。即使連顏色也難逃影響，鮮豔色系就等於是人造、不健康的同義詞，問問英國人就知道，在英國，雀巢聰明豆（Smarties）相當於M&M's，當製造商開始使用天然食用色素時，聰明豆的顏色看起來明顯淡了許多。

我可以像討論促發壓力一樣，洋洋灑灑寫一整本的《抑制壓力百科全書》，結果是還搔不到癢處，而且這麼一本書也不會是一本有用的指南，因為最終所有的壓力都與情境有關；它們以獨特的方式與動機、人口群體和彼此交互作用，這也就是為什麼設計介入計歷程會有這麼多驗證程序，而且重視試驗／測試／規模動態的原因：你若想知道自己是否真的辨識出正確的壓力，唯一方法就是使用它們打造介入行動，實際改變行為。

避免可預測的難題

比特定壓力更重要的是，等式的兩邊都要考量。且容我套用一句行為經濟學大師艾瑞利說過的話，因為事實證明，「人是可預測的非理性」。一連串在我的研究室得出的實驗結果證明，當人們被要求聚焦於創造**更多**某種行為時，他們採取的介入幾乎都只以增加促發壓力為目標，好比獎勵；反之，聚焦於**減少**創造某種行為時，則會不成比例地採取增加抑制壓力的介入，例如懲罰。

因此，當今世界一如既往。我們全都直覺地從糖果碗的狀態找到改變行為的能力，無論它是從桌子移到書櫃，或是從廚房移到酒吧。但是如果瑪氏雇用我們，實際上我們會創造出什麼名堂呢？第四十二種M&M's口味。我們試圖讓M&M's更貼近消費者，依據思考邏輯理解減少抑制壓力的力量，但仍然著重讓它們更具吸引力。

但不要絕望，這種可預測的錯誤代表著，尚有可預測的有利面向還未開發。對優步而言，它正在降低抑制壓力。當它以提供高級黑頭車接送服務之姿發跡時，所有競爭對手都在關注促發壓力。但是你不會真的看到一輛黑色轎車，而是豪華的銀色奧迪（Audi），車內配有迷你吧台，還有一顆與你的播放曲目同步的舞廳魔球燈，司機是超模克勞蒂亞·雪佛（Claudia Schiffer），突擊者隊（the

Raiders）提供馬力！

優步看到的是，從A點到B點的需求超級強大，使得大部分任務只是減少抑制壓力，而且它的產品和行銷與這個架構同步。當然，每隔一段時間它就會舉辦促銷活動，比如「今天帶小狗一塊搭乘」、贈送冰棒、接種流感疫苗，或是今天出勤的車都是特斯拉（Tesla）電動車。但是，你定期收到優步寄發的三封電子郵件都是些什麼內容？「現在比以前更便宜」（降低抑制方面的成本）、「現在有更多司機可以接送乘客了」（降低抑制方面的等待時間），以及「我們現在可以進入以前禁入的地方了」（降低抑制方面的範圍）。優步的整體業務都是以減少抑制壓力為基礎。

事實上，有人可能會主張，優步最強大的行為改變特點是自動付款機制。付錢給計程車是強大的抑制壓力，高度突顯出以現金交易為特徵的有形損失，即使是小孩子也寧願使用信用卡而非現金支付，以避免那種損失的感覺。[8]在某些方面來說，我很失望優步是在舊金山起家的，如果你曾在星期五站在紐約市東村（East

Village）某條單行道上，手忙腳亂地要在讀卡器過刷信用卡，身後卻有上千輛計程車狂按喇叭，你就能實際體會到支付過程是一種多麼痛苦的感覺，更別提費用了。然而，因為我們一直著重於促發壓力，很少有人能夠明確提出消除這種共有體驗的影響力，直到優步普遍支援自動支付車資。

促發和抑制壓力都可以用來改變任何行為，這就是為什麼我們在兩端都畫上箭頭，以便克服我們的偏誤。試想一下，如果瑪氏內部正好有某個人讀到這本書，好巧不巧完全無視內心那一股想要創造第四十二種M&M's口味的先天傾向，而且還正好很關注抑制壓力。如果他們投入同樣數百萬美元預算開發產品、食品安全、行銷和票選全新的包裝袋顏色，而不是給出「讓M&M's隨時隨處皆可得」這種簡單的指令挑戰員工，那麼我們可真的都要開始擔心老爸身材上身。自動補充糖果器、配銷交易、零食訂購服務等，突然間大量的潛在新式介入成為焦點。

一旦你畫出箭頭並成功規避偏誤，全部這些壓力又是從何而來？在《廣告狂人》的世界，你只需自圓其說證明你想要運作的介入正確；但在介入設計歷程中，我們運用產生深刻見解的方式得出它們：研究和收斂效度。所幸，你在尋找深刻見解時所有的訪談和資料科學也可以測繪和驗證壓力，因此當你進入一處房間畫出箭頭並開始填上壓力時，只要忠於你已完成的工作就可杜絕《廣告狂人》的世界。如果有新的壓力萌生，你只需驗證它們，因為幫你做壓力場測繪和設計介入的研究團隊也都在現場，他們是最貼近從現有工作中歸納出已知事實的人，同時也會在開始新工作前負責驗證，所以當你得出潛在壓力時，會希望他們也在一旁。

你還可以採取其他措施，確保自己盡可能得出一張完整的壓力圖。先專注於抑制或促發壓力，然後切換；試著反思行為陳述的兩極性，如果你是思考如何確保沒人沒搭乘過優步，你將可能發現一些可以用來確保他們搭乘的壓力；同時，請確保你有一個多元的空間，你可以引進的性別、種族、文化、認知和其他的差異性越多，盲點就越少，也就越不容易為偏誤所害。

我們若想規避偏誤並理解各種影響人們的壓力，可以將它畫成一個完整的圓

（請小心，你將會愛上它）。實際上，**箭頭、本章以及整套壓力的概念只是另一種為了改變行為而設計的介入**，好幫助我們擺脫只看某一個面向、得出壓力卻不加以驗證，以及尋求介入是資深主管會埋單但不會改變行為的既定結果。我們想要創造行為（因為我已經在前言裡增強促發壓力），而且正在推翻阻礙我們可能這麼做的先天傾向（藉著增添歷程以便消除抑制壓力），但唯有我們成功連結那些驗證過的壓力與它們帶來的介入才真正起得了作用，我們需要將介入設計放入介入設計歷程，並力求這些壓力派上用場。

第五章

介入設計與介入篩選

我這輩子遇過最棒的老師體型很像小矮人，雖然當時我才六年級，卻已經比柳帕卡（Liupakka）女士還高。她熱愛數學的程度僅次於惡作劇，她在教室牆上掛著一條鞭子，帶有紀律之意。有一次，在某個星期二，她帶著鞭子和一條被番茄醬浸透的手帕走進我的美術課教室，然後把我叫到走廊上，將一把尺摔向牆壁後，要我放聲大叫，只是為了嚇唬其他孩子，她真是有夠壞心。在那之後的二、三十年間，我一想到她還是會打哆嗦。

唯一比鞭子更令人難忘的記憶是，她在代數課時給我們上了一堂關於創造力的課。她用舊式的透明片投影機（還記得那種機器嗎？）播放一張帶有各種數字、字母和符號的幻燈片，並讓我們找出不同的方式將它們分組歸類。我們年輕、機敏的頭腦建議採用字母與數字、奇數與偶數等所有的標準，就是像我們潛移默化所受的文化教育那般分組。但是等我們耗盡想像力，柳帕卡女士便開始提出其他的方式，電話上出現與沒出現的字；直線（A和F的）與曲線（C和O的）組成的字等。她告訴我們，目的不在於產出最多想法，而是要具備**不同的**想法，這才是更好的想法。二十五顆小燈泡繼續動腦，她引導我們開始進入這個世界，成為富有創造力、改變現狀的小小思想家。

創造力的定義是，產出別人沒有想到的全新選擇，對心理學家和六年級學生來說，這種定義同樣令人興奮。不同往常的選擇在本質上就很有趣，而且我們天生就會受到不尋常的事物吸引。自然偏誤就是那些「廣告狂人」誆騙我們的方式。我愛死柳帕卡女士了，她真是**他媽的太有創造力了**，抱歉，她一定會因為我說粗話而要我嘴巴放乾淨點。

當我們聚焦新鮮感，就會忽略行為結果。雖然我們在設計時就可參考驗證過的壓力，因此可有助防止先天傾向去執行那些我們自己覺得獨特的介入行動，但並不能保證結果。就像數據可以證明糟糕的商業決策一樣，壓力也可以證明不當介入的不合理之處。先是在介入設計歷程全力執行，到了下一步，單單是放棄並回頭找那些感覺起來還不錯的介入就足以毀了一切。這種情境完全有可能發生。

你到達介入設計歷程的這個階段時就會了解許多有關於顧客的需求和需要；你也會知道這些需求和需要是透過大量驗證過的相競壓力才篩選出來的。問題在於，當你具備這一切知識時，很容易過度自信、倉卒行事，輕易就列出壓力並針對每一道壓力制定介入。

這條路直通失心瘋的境界，單一壓力導出大量介入完全是可能的發展；反之，一道介入若想滿足大量壓力也同樣可能。實際上，這就是測繪至關重要之處：我們藉由定型自身對壓力的認知，可以比較容易明白如何為它們排列組合。說真格的，介入設計就只是將壓力轉化為我們實際可以創造的事物；如果壓力是槓桿，介入就是我們如願採取正確順序和力量拉動它們的手段。

以我先前在三葉草健康公司的工作為例，我們是加入聯邦醫療保險（Medicare

Advantage）計畫的業者，業務模式以促進保戶的健康表現為基礎。讓我們意外的是，經常得要求保戶完成一些維護健康的超基本小事，比如接種流感疫苗。大約有七〇％的流感住院治療、八五％的流感死亡發生在六十五歲以上人口，在具醫療保險資格的總人口群體中占大多數。

對三葉草健康公司來說，為接種流感疫苗打造行為改變更顯重要，因為平均來說，黑人比白人更不可能接種流感疫苗（因為醫學種族主義是事實）。三葉草與大多數聯邦醫療保險計畫相較來說，服務的保戶由非一般的人口組合而成：我們擁有的有色人種保戶是一般計畫的兩倍（普遍來說，醫療保險保戶超高比率是白人，大約占八〇％），而且這個群體相當大的部分是黑人。

現在就來聊聊介入設計歷程。我們將黑人當作人口群體、流感疫苗當作行為，寫出一份行為陳述，接著確實讓這些深刻見解發揮作用，為某些相當一致的主題測繪出壓力。雖然非常欠缺促發壓力（「我那麼健康，幹嘛要接種？」），但更重要的是，有幾道抑制壓力雖說是非黑人群體才看得到，但對黑人來說卻更重要。

舉例來說，人們往往太不信任流感疫苗接種，因為每年疫苗都不一樣。雖說調整配方的理由很充分，因為它是依據特定年度裡，哪些流感病毒株會最為盛行的預測而製，以便盡可能提高整體疫苗效力，但卻因此讓民眾覺得無法預測，好像暗中進行某種實驗。塔斯基吉梅毒實驗〔Tuskegee Syphilis Study；編按：一九三二年至一九七二年，美國政府在黑人為主的塔斯基吉大學（Tuskegee University）對總共近六百名男性進行梅毒人體試驗。經濟大蕭條期間中斷補助，但研究人員卻繼續實驗，而且自始至終都不曾告知罹患梅毒的受試者實情〕四十多年前才終止（政府研究人員否認對黑人施以抗生素療法，最終害死其中許多人，以便他們可以繼續研究這個疾病。當醫學種族主義走到極端就會走鐘到無以挽回），因此可以理解，隱匿實情的實驗在黑人群體中是一股更強大的抑制壓力。

流感疫苗可能有副作用，如注射的手臂部位會輕微疼痛，但此一事實會放大這點，儘管這種情況很少見，只有大約一％的案例，但是因為你每年都必須接種一次，而且每個人都得這麼做，所以很可能你或你認識的人在近期記憶中還記得這些副作用。一位有可能是白人的醫生走向一個非常健康的人並為他施打疫苗，而導致他不適，在黑人社區裡，這幅畫面令他們感到反感。

還有另一項事實是，流感疫苗並非百分之百有效。目前來說，這套說法不是那麼公平：流感疫苗一向都有效，因為它總是能幫助你避免或減少流感的影響。甚至是就算你得了流感，若沒打流感疫苗的話就得持續煎熬一星期；反之，則只是擾人的二十四小時而已。流感疫苗無法保證你不會感染流感，但這種結果卻是我們對它的普遍期望：一如你接種破傷風疫苗，就完全不會感染破傷風。

所以我們接種的流感疫苗雖然可以救命，但因為它與大多數其他類型的藥物全然不同，背負大量不信任。你是在身體健康的情況下接種，每年都得反覆施打，而且永遠不知道有沒有效，只是因為你不曉得如果沒接種，自己會不會生病。在一個對大多數黑人來說醫療種族主義屬實的國家裡，這意味著更低的疫苗接種率和更高的死亡率。

此刻，在《廣告狂人》世界裡，我們馬上展開集體動腦，討論一些感覺不錯的介入，也許我們可以讓黑人女歌手碧昂絲（Beyoncé）發布有關流感疫苗重要性的推文！或者讓塔斯基吉案的告發者在社論版寫一篇評論！或者其他以驚嘆號結尾的一切建議！

但我甚至沒有完全列出壓力，接種費用多少？單純可得性？必須由醫療專業人員在特定時間和地點完成嗎？打針會痛，而且我們大多數人害怕針頭的事實？無聊感和性感一樣都能經常改變行為，所以請不要花費太多時間關注任何單一道壓力。仔細觀察推動力，並在它引發驗證性偏誤時就辨識出來；我們為此感到振奮（因此有了一連串驚嘆號），然後開始有選擇性地留意那些讓我們接連得分的事情。

此時，介入設計的關鍵是數量。如果一切正在開展，那麼你會想以此當作改變的開始，翻轉行為陳述的方向，集中在個別壓力或組合新的壓力，創造人為限制以及一些假設，亦即你為了讓更多介入出現在白板上所盡可能執行的任何一切工作，只要這些工作能直接測繪出背後的壓力。

你也可能必須提醒小組成員，目標並不是可行性。此刻我們正在一個反事實的世界裡，沒有任何事應當視為無法實現。在介入篩選期間，我們將有足夠時間挑三揀四，而且還可以一直縮減強大的介入以因應資源限制。我們可能還會傾向說出「我覺得這樣做可能沒用」的話，所以你必須提醒團隊，這才是試驗／測試／規模的目的。你若想證明一道介入能否改變行為，便是得確知它能否辦到，那麼你就得動手做才會知道。

關於流感接種的例子中，我們開始進行分組，即試著找出能夠體現眾多壓力的單一介入行動。有關對效力、實驗和副作用的質疑，大體上都受信賴程度的影響；是否有單一介入可讓我們用來創造信賴感？費用與可得性息息相關，因為在某個特定時間去某個特定地點，通常至少會涉及車資或工資損失；這樣會產生綜效嗎？

當我們再也想不出介入的點子，便開始尋找內部的閉鎖現象（siloing），亦即尋找量化和質化研究中出現過的壓力，而且這些壓力看起來像是在所有其他研究中居主導地位，好讓我們可以依此打造好幾道介入。對黑人和施打流感疫苗來說，不信任醫療機構是顯著的抑制壓力。三葉草原本就免費提供流感疫苗，保戶可以在任何藥局施打，甚至是在鄰近街上的診所就可接種，因此信賴感仍是最顯而易見的問題。

所幸，我們已經先下工夫研究老舊黑人社區的信賴感，不僅閱覽研究、完成問卷調查、訪談我們的保戶，並在發揮影響力的環節上檢閱過數據。那些最不可能接種流感疫苗的族群只對某件事反應一致：教會，「我埋單教友相信的事情」。

謝天謝地！一切再清楚不過了，我們需要宗教領袖為我們背書。我們可以草擬信件請他們代為寄發，讓他們提到流感疫苗的重要性；在服事期間關懷身體這座聖殿，以教會募款者身分舉辦施打流感疫苗活動；或在無數的方式中草擬一套能讓他們遠離現有狀況的方案。同樣地，重點在於在白板上寫出來的介入越多元越好，因為那就是驅動巨大行為改變的力量。

我們也羅列許多其他與信仰無關的介入，舉例來說，我們在三葉草問及個人健康動機時，有一套相當獨特的數據集：我們會請大多數保戶開放陳述為什麼健康對他們很重要，這樣一來，在一個保戶明確欠缺接種流感疫苗動機的世界裡，我們可以準備好一道他們各言己志的個人化動機，無論是出於鍾愛孫子、孫女或配偶；渴望有活力；或甚至有一名保戶說是為了要離開醫院以後可以去餵養附近的流浪貓。我們完成所有工作後，介入設計歷程得出約二十項獨特的介入，對大多數介入設計歷程來說，這道成果相當具代表性。

但它也帶我進入整個介入設計歷程中最糟糕、最主觀的部分：介入篩選。因為到頭來，即使你擁有所有的深刻見解、壓力和研究，但邏輯上無法全都加以試驗，因此必須判斷實際上要試驗哪些介入。再者，這一回和歷程的其他部分不一樣，沒有確切的科學從旁佐證，代表你只能放手一賭。

但你可以聰明下注，因為即使你不能試驗一切，但也不該只試一項。介入篩選不是為了推動單一解決方案，而是為一系列試驗做好準備，以便盡可能提高打造改變行為的機會。因為良好的行為科學就像所有出色的科學一樣，都是以假定你的介入無效為基礎。

最後一句話最常讓人們想要叫我滾蛋（姑且不論我的迷人性格）。這是一項艱鉅到不行的任務，約莫花費一個月的時間完全投入專案，再讓你的行為長（CBO）說出他們已經選定幾項預期失敗的試驗。但是懷疑論的文化很重要，請謹記，我們正在對抗的目標是驗證性偏誤，以及我們先天傾向於認為某些事情就是千真萬確，但這一切只是因為我們想為努力的結果找到合理化的說法。你好，《廣告狂人》，這是越戰的使命（編按：推測和該劇男主角有關，他出身卑微，參加越戰，回國後冒用在越戰中死去的中尉身分，躋身上流階層，而且想盡辦法擺脫過去）。它想拿回它的沉沒成本。

你在篩選多重介入時，會成功命中心理學家口中所謂的最理想特殊性（optimum distin-ctiveness）：集合諸多選項盡可能涵蓋全部範圍，但相對來說彼此極少重疊。試想你正試著找出自己喜歡的果醬口味，次佳的獨特性是草莓、覆盆子和草莓覆盆子，你只品嚐到這三種，不僅一無所知世界上其他五花八門的果醬滋味，而且因為它們根本就是大同小異，你還只能暗自禱告試著在三者中找出最美味的一種。你若想找到適合自己口味的果醬，需要類似草莓、柳橙和奇異果這樣的安排，三種你都試一遍，每種都能明確辨別，這樣才能從中學到哪一種符合期待，哪一種則否。

你可以做幾件事減少選項，以便讓事情更容易進行。首先，結合數種介入，對於流感疫苗，我們知道必須處理信賴感問題，而且託宗教信仰之福所投注的心力贏得不少支持。我們還知道，對於減少生理和實際成本所造成的抑制壓力來說，有形的可得性和便利性非常重要，因此結合基於宗教信仰支持與流感診所的介入，像是我們可以在教堂內部設置一處流感疫苗施打診所，因為人全都集中在教堂裡面。我們還需要一道更強大的促發壓力，即免除流感疫苗只適用於病人的這種想法。要是我們提醒民眾，你只會從已經得到流感的患者身上感染流感，以及你若是接種疫苗，就可以保護其他許多可能不像你這麼健康的教友，結果會怎樣？

個中祕訣在於，即使我們把「在某個週日，傳統黑人教會中的流感疫苗診所是用以提醒有關保護教友事宜」當作一種介入，它也同時結合宗教信仰、施打成本等數道壓力和保護親友等小型介入的力量。如果有更長時序，我們可以試驗每一個單獨的部分（診所結合基於宗教信仰的支援，並結合發布保護朋友和家人的訊息），但我們並不一定要這樣做，因為整體介入是否有效才是關鍵所在。請記住，目的是行為改變，而不是傳播知識，我們不必確切知道介入的哪一個部分驅動行為，只要整體介入有擴增空間，而且導致行為改變就值得一試。你很容易為了魔術般的成功因素而著迷，如果能找到它就可以省下一些資源，但那並不是必要之舉。

我們也可在這一道組合過程中開始縮減介入。雖然開車到每一名保戶家中幫他們接種流感是有效的潛在介入，但這種情境不會發生，因為流感疫苗必須冷藏，而且得經由具備適當臨床許可證的專人管理，再加上並非所有保戶都樂見我們登門造訪。我們仍然希望這道介入列在白板上，但只取長處部分，好比方便、個人化及情感照護，並將它放進一些比較大的組合介入中。

你也可以開始看看涵蓋範圍。是否存在僅適用於部分人口群體的介入？只能在非常特定的情況下創建嗎？只能在某些時候提供嗎？一般來說，如果你在撰寫行為陳述、界定適切的人口群體方面做好分內工作，那麼介入篩選就是要找出最便宜、最容易創造、影響最廣泛的介入，而且它仍會改變行為。

也許這一切聽起來相當反常，但是我敢保證，即使這是最可能引起歧異的步驟，介入篩選往往出乎意料單憑直覺就能知道。你大部分的無意識大腦永遠都在忙著切除這些類型的取捨：我們在烹飪中調配出互補的味道；在尋找住所時，會從位置／費用／與我們最愛外帶餐廳的相鄰性進行三角驗證；還會做出其他一百萬個日常決策，但我們甚至不曾意識到自己正在這麼做。我們是為分組、權衡打造而成的機器，但只有在我們為那道歷程騰出發展空間時才會發揮作用。

關鍵在於聚焦你正在嘗試改變的行為，所以在介入篩選時不要假定任何事。在其他地方可行的做法未必在這裡可以，而在另一個情境下失敗的決定也許在這個情境行得通。繼續堅持最理想特殊性，好讓你可以盡量擴大機會找出某一種行為改變，並在立足那一點後繼續前進。

這就是讓我和安德烈斯．格拉斯曼（Andres Glusman）共進晚餐的契機。格拉斯曼是為線上同好籌辦活動的社群平台Meetup的產品副總裁，我們是受邀在同一場數據研討會發表演講時結識的，他分享了一道例子，已經成為我最喜歡的傑出介入篩選之一，你也許還是可以在YouTube看到，但我先在此概述。

這道特殊例子發生在Meetup有如雨後春筍般猛烈成長，導致廣告信件成為越來越嚴重的問題時，當時一些行銷業務人員會籌組實際上只為推銷產品而辦的聚會，這削弱了Meetup當作組織興趣而生的行為目標。Meetup的團隊正在設計介入以打擊廣告信件，當時執行長史考特．海佛曼（Scott Heiferman）建議，在籌組聚會的流程中加入一道必填的檢核對話框：「我承諾創建真實、面對面的社群。」

格拉斯曼對這項做法持懷疑態度。當然，這麼做可能有助阻隔廣告信件發送者，但設計註冊流程的黃金法則是，不添加任何不必要的做法，因為每多一道步驟就等於產生更大的抑制壓力，進而降低註冊行為發生的結果。但他承認，檢核對話框也是在重申公司使命，而且聚會承辦單位是充滿熱情的團體，也許他們不會為此卻步，再加上額外的抑制壓力足以減少廣告信件氾濫。他做了在介入篩選中至關重要的事情：他保持「接受做錯了」的開放性。

因為這道例子出現在本書中，你或許已經猜到違反直覺也可能違反理性的幸運結果：不僅檢核對話框遏阻廣告信件發送者，實際上還讓成功籌組聚會的數量增加一六％。因為不僅承辦活動單位擁有熱情（促發壓力）足以克服檢核對話框（抑制壓力），同時還提醒他們這股熱情所創造的弦外之音，進而加強促發壓力。Meetup能明確歸納出這項結果的唯一理由是，格拉斯曼有勇氣全力排除那些受到其他人口群體和情境影響的各種假定，就只是直接根據明確壓力試行介入。並不是因為這麼做顯得很酷，或者是一旦碰巧行得通就會感覺很酷，而是因為他知道自己正試圖創造什麼行為，而且很能掌握足以創造這種行為的壓力，進而冒取一場明智的風險。

第六章
倫理查核

我們所創造的一切都是為了改變行為。全世界最受讚揚的一些角色明確關乎行為改變，如教師、醫生、父母等，然而我們從不把他們視為改變行為而加以談論，指責某些人試圖有意識改變其他人的行為等同是詆毀他們。這種令人不寒而慄的感覺很強烈，讓人馬上聯想到行銷人員、操縱者和推銷員，他們讓我們對香菸、信用卡或含糖飲料成癮的同時還拍手狂笑。

明確的行為改變招致惡名上身的原因可以追溯到另一項人類心類學的奇蹟。我們的大腦已經進化到內存許多偏誤，以便保護脆弱的自我，儘管這些偏誤違反基本邏輯，但非常有效。其中一種是自利偏誤，大致是這樣演進的：我做好事，因為這代表我是一個好人，但是當我做壞事時，那是因為我受到大環境影響。對於其他人來說情況正好相反：他們行善是因為環境使然，但是做壞事是因為他們本來就很爛，而且是大爛咖。

這有助支持我們對公平公正世界的看法，如果有人被強姦，那是因為他們穿著招搖（但且容我抽離，這種看法是我聽過最愚蠢的鳥評論）；如果有人被說是肥仔，那是因為他們懶惰成性；如果有人的工資低於最低生活薪資，那是因為他們很笨。正是因為我們不笨、不懶惰也不會穿著招搖，所以我們很安全。

除了有時候我們也會幹一些壞事，所以需要變出一個妖怪戰勝基本的美德，也就是讓我們這樣做的魔鬼，加入改變行為的惡棍。善於操縱的行銷人員創造一個改變我們行為的世界，因為我們是如此優秀、純潔和可愛，以致於如果他們沒有誘騙我們，我們絕不會容許自己吃下過多的糖。因此，產生一股需要同時相信自由意志和行為改變的矛盾（因而我們可以保護自我、貶低他人。是的，人類生下來就是不折不扣的混蛋）。

現實情況沒那麼自相矛盾：如果我們拋開偏誤，那些天使般的教師和惡魔般的行銷人員都是行為科學家，改變行為本身的本質並不存在道德或不道德的問題。介入幫助我們依自己的動機來行動，可以用來行善，而且廣泛應用合乎倫理的介入是邁向更美好世界的康莊大道（還記得嗎？沒有狂熱者像歸信者一樣）。但是因為介入也可以用以傷害他人，無論你是否打算向全世界展現出自己是專精行為改變的人，我們每個人都應責無旁貸好好運用像介入設計歷程這樣的流程。請謹記，行為改變是一場戰爭，兩邊陣營分別是投資特定結果行為的一方，與你應有意識選擇自己所在的一方。你透過自己的價值觀濾鏡往外看，總是會覺得自己的介入顯得合乎倫理，但藉由了解一些潛在問題，則可以避免大夢初醒般發現其實你並不為自己所做的工作感到自豪。這是因為雖然介入設計歷程的目的是幫助你正直坦蕩，但最多也只能做到這裡，最終我們每個人都必須對我們創造的行為結果負責。

　　這就是為什麼即使我們已經篩選出打算試驗的介入，依舊必須中止並根據這兩道因素進行倫理查核：我們正在改變**什麼**行為，以及我們正**如何**改變行為。這些道德問題測繪出兩種基本的行為差距：意圖—行動差距、意圖—目標差距。

我們大多數人都熟悉意圖—行動差距，因為它是行為科學書籍關注的主要問題：我們本來打算去健身房，但我們最終沒去健身房；我們想要好好吃一頓，但最後卻是坐在一碗混裝M&M's的香辣奇多玉米棒前面；我應該差不多在兩年前就動手寫這本書，但是，你知道的嘛，**生活啊**……然後我們聳聳肩，繼續搏鬥。

如果我們遵循介入設計歷程，在行為陳述中納入動機，因而在意圖—行動差距方面便先解決有**什麼**不合倫理的問題。我們確立最終行為與原先動機保持一致，就能確保沒有道德疑慮，即我們勉強不情願的人口群體採取行為，因為他們早已贊同這種行為。他們想去健身房，唯一可能的道德問題是我們**如何**讓他們起而行。

意圖—目標差距在行為科學中較少觸及，但確實在道德倫理上更加令人不安。在其中，我們想要看到一個明確的結果，但無意做出能導向它的行為。我們想要養出六塊肌，但無意勤做仰臥起坐；我們想要維持健康，但不常洗手；我們想要有個親密愛人，但拒絕乖乖洗澡（啊，就是在說青少年。另外，當我在線上詢問關於最能包含「重要他人」的說法時，「親密愛人」是首選，「愛人」是另一個上選，但「想要一個愛人」聽起來就是怪怪的）。

在這種情況下，行為陳述的動機要素無法幫助我們，因為這個人已經拒絕將行為當作實現動機的途徑。因此，我們必須用**什麼**，輔以該**如何**做一併解決，既然解決意圖——目標差距、意圖——行動差距仍有可能存在，那麼讓我們從**什麼**和意圖——目標這個難題著手吧。

在意圖——目標差距的情況下，要確定行為準則有一道非常簡單的規則：**如果你的最終行為不是這個人口群體中任何動機所得的結果，那便是不合倫理的**。換句話說，如果你不能建構一套有效的行為陳述，就算是越界了。

為了更易於邊做實務邊了解，請回想前述的流感疫苗例子。改變流感疫苗接種行為的標準劇本其實很荒謬：一位你理應信任的醫療專業人士開口問：「你打過流感疫苗了嗎？還沒是嗎？」然後稍稍警告一下：「你真的應該施打流感疫苗。」

（人們想知道，為什麼只有不到一半的美國人接種流感疫苗）。這種方法的問題在於，實際上並沒有區分意圖—行動和意圖—目標之間的差距，所以我們在三葉草嘗試了一些顯而易見，但事實上頗具革命意義的東西：我們開始詢問意圖。我們在一項調查中詢問保戶去年是否接種流感疫苗，如果沒有，他們是否打算這樣做。事實證明，大約有五〇%保戶曾經打算接種流感疫苗但最終沒有付諸實現（說是因為在藥房買不到、沒時間等）；另外五〇%保戶則是原本就不曾打算接種流感疫苗。換句話說，其中一半有意圖—行動差距，一半有意圖—目標差距。

所以就此而言，關於「**什麼**」的問題是：「對於那些說無意打流感疫苗的人們，去改變他們的行為是否合乎倫理？」我們若想回答這個問題，就得建構實際的意圖—目標差距（他們希望保持健康，但又不想打流感疫苗）並討論解決方案的所有細節。

確定是否合乎倫理的第一步是，確定意圖—目標差距對於這個人口群體來說是否清楚，因為某人可能有目標但不打算去做相關行為，僅僅是因為他們不明白這兩者息息相關。比如說，如果我想要健康，但不知道流感疫苗將有助於我保持健康，那麼差距就是指資訊不足問題，因而只要明白兩者之間的連結就足以消除差距。很幸運的是，你可以輕易測試一下：在我們的流感疫苗例子中，我們詢問人們是否知道流感疫苗讓他們維持健康，而且因為他們大多數都知道，我們可以確定意圖—目標差距不單只是因為缺乏教育。實際上，資訊很少是造成意圖—目標差距的原因，這就是為什麼以教育為基礎的介入往往不像我們所期待的那樣經常發揮作用。

那我們還有什麼選擇呢？我們知道人們想要健康，但不想打流感疫苗，儘管他們知道這兩者相關。因此，我們不能在道德上改變行為，因為行為陳述「當（人口群體）想要保持健康，他們（局限），他們將接種流感疫苗（由（數據）估測）」不是真的。我們在道德上可以做的是找出另一道動機。

請謹記，個中規則是，如果行為改變未能實現這個人口群體的**任何**動機，而且不單是其中最明顯的動機，那麼那個行為改變就不合倫理。在流感疫苗的例子中，我們讓保戶說出個人健康目標，所以我們可以使用像「保持他人健康」，而非「保持健康」這樣的動機。在道德上這麼做沒問題，因為保戶自由表達出可以由行為來實現的動機，同時最常見的健康目標實際上是關乎他人，好比孫子女、孩子、配偶、教會會眾，以及讓我們希望擁有健康的所有人，僅僅是因為唯有如此我們才能常常和他們一起找樂子。

現在，說到這裡似乎夠明顯了，但也容易說服我們自己。舉例來說，一名香菸行銷人員也許只是說，每個人都想要自己看起來很酷，吸菸會讓你看起來酷斃了，因此創造吸菸這個行為在道德上沒問題。這就是為什麼我們需要加上第二句話，好讓規則更趨完整：**如果你的最終行為不是這個人口群體中任何動機所得的結果，或者這種行為的好處並未大於為替代動機所付出的代價，那便是不合倫理的。**

流感疫苗符合這一項要求：它實現動機（「保持他人健康」），而且沒有明顯阻礙任何其他動機。吸菸沒有通過測試，因為即使它可能讓你看起來很酷，而且大多數人也都想要很酷，但它會危及生命，顯然大多數人都反對死亡。抽菸額外附帶的死亡很顯然大於你想要的一點點酷味。

但我們只解決了一半的道德困境。現在我們知道可以改變**什麼**行為，但尚未說明**如何**改變它們才合乎倫理，所幸這只是陳述的另一種說法。此外，「這種行為的好處並未大於為另一種行為付出的代價」這樣的說法也適用於介入。因此，我們的陳述變成，**如果你的最終行為不是這個人口群體中任何動機所得的結果，或者這種行為的好處或介入並未大於為替代動機所付出的代價，那便是不合倫理的**。

舉例來說，試想我們接種流感的通知函如果包含關於保護他人的激進語言，例如：「你沒有打流感疫苗就可能會害死孫子。」首先，這是一句謊言；但再者，當人們被引發感受相反情況的動機時，可能反倒會因此感到非常悲傷、憤怒，變成為幸福所付出的代價超出施打流感疫苗的益處。因此這是不合倫理的。

現在，也許你能正確指出，香菸行銷人員留下相當大的空間含糊其詞，而且你說對了。正如我們在本書中討論過的眾多偏誤一樣，即使是最立意良善的人也可以說服自己接受這種說法，因為大腦的存在是為了操縱我們的知覺以便支援我們的行為。儘管我們將動機納入行為陳述，其他一切護欄也都設置妥當，但是我們永遠無法完全消除這種情況。因此，讓我們在陳述中再加一句，以便多築一道防線：透明度。

既然我們的陳述具有主觀成分（成本／收益比），因此本來就可能讓不同的人以不同的方式評價這種取捨結果。香菸行銷人員的生計取決於他們所創造的介入，因此得面臨低估成本、誇大利益的嚴重認知壓力。我們開誠布公行為陳述和介入，讓那些不和我們具備同樣動機的人來評估是否合乎倫理。正如我們三角驗證不同的研究方法以求達到現實上的收斂效度，我們可以用不同的成本／收益評估方法進行三角驗證，以達成倫理上的收斂效度。如前所述，評估種類越趨多樣化，我們對結果的信心就越大。

現在，我們無法做到完全透明的原因可能有：商業考量、法律，甚至還包括某些介入如果過於透明，就會降低有效性。所有行為科學家都有義務盡其所能地擴大這道界限，並盡可能實現完全透明。你可以在自己的組織內廣徵意見、諮詢領域專家，或聘請外部倫理實體組織，如機構審議委員會（Institutional Review Board，簡稱IRB）。舉例來說，在三葉草，行為科學團隊成員得接受完整的倫理培訓，我們有一個執行長親自主持的內部倫理審議委員會，加上來自全組織各單位的代表，最重要的是，無論介入是否有效，我們盡一切努力在公開的部落格上公諸於眾。

現在，如果我們一一列出要點的話，就能得出更易閱讀的句子。

如果：

- 你的最終行為不是這個人口群體中任何動機所得的結果。
- 或者，你的最終行為所帶來的好處或造就它的介入並未大於為替代動機所付出的代價。
- 或者，你不願公開敘述最終行為或介入，並對此負起責任。

- 那便是不合倫理的。

在我們的陳述中，透明度和責任感最終便是合理地倫理查核。這並非萬無一失，因此我們必須始終留意是否有驗證性偏誤，以及因為它們是我們自己的驗證性偏誤，所以我們可能傾向於認為這些介入合乎倫理。正如我在本書耳提面命的事項，請聚焦你的結果，並戒慎恐懼自己是否愛上任何特定的介入，這才是行為科學家最重要的技能之一。

我們為了做對事情已經減少抑制壓力，接著就是要狠狠地嚇唬你，以便增加促發壓力，是嗎？二〇一七年四月二日，諾姆．薛柏（Noam Scheiber）在《紐約時報》（*The New York Times*）發表一篇報導，揭露優步濫用行為科學，讓司機在自我感覺還能繼續安全駕駛的時候超時工作。[9]優步完美反映出崔維斯建立的文化，事實上它還端出以下說法自我辯解：

「我們讓司機看看哪些地區還有大量需求，也會激勵他們開更多趟」優步發言人麥可．艾莫迪歐（Michael Amodeo）說，「但是，任何司機真的只要輕觸一下按鈕就可以停止工作。是否開車的決定權百分之百操在他們手上」。

誰敢大言不慚這樣說？講白了，對任何介入來說，「但他們有自由意志！」都是一種糟糕的辯解。如果這道介入是專為產生行為改變而打造，你就得為行為改變的結果負責。正如菸草公司不能只是說「但人們可以隨時戒菸」，因為它們花費數十億美元打廣告，也知道這麼做會讓癮君子更難戒菸；所以，當優步故意設計出一種產品讓司機更無法說停駛就停駛，它們也不能只是說「但人們可以隨時停駛」就想卸責。繼續載客的好處不會大於他出車禍死亡或精神衰弱所付出的代價。

然而，優步的整套辯解中我最喜歡的部分就是，聲稱那些介入沒有什麼好擔憂，因為它們根本無效。在《紐約時報》的報導中，優步經濟與政策研究部門負責人強納森．霍爾（Jonathan Hall）主張：「操弄人們心理的微微悸動，對他們在社群遊戲平台Zynga上玩多久，或是為優步開車多久，僅有極輕微影響。」真的是這樣嗎？那就停止這樣做。如果你所獲得的利益沒有明顯大於你介入的人口群體所付出的代價，那麼寧願你永遠不擴大介入，也不要冒險犯錯。

既然我們正在挑剔科技公司的毛病，那就再來選擇另一個粉絲的最愛：臉書。二〇一四年六月，它們與康乃爾大學（Cornell University）幾名研究人員一起發表一篇論文，[10]透露了一項大型介入，即是公司操縱用戶新聞反饋的內容，以便涵蓋更多正向或負向內容，進而導致用戶自己發布更多正向或負向內容。是的，臉書蓄意讓人們不那麼開心。真是好玩過頭了。

臉書荒謬的歷程和優步如出一轍，這可以幫助我們了解，它們最終如何運作一種明顯不合倫理的介入。首先，它們沒有依循介入設計歷程。我們進行試驗的所有理由之一是要避免來自負面活動的損害，但臉書在近七十萬名用戶身上運作這道介入之前並未先採行強而有力的試驗。如果臉書已先在一百人身上執行這種介入，並很快發現它會讓人們發布更多負面消息，這項計畫原本是可以喊停的，而且不會損害其他七十萬人的情緒狀態。火大到不行？研究人員似乎還很為此感到自豪，以至於在論文第一句就興高采烈地提到，樣本規模「很龐大」。

其次，它們規避審查。在它們刊登這份研究報告的學術期刊裡有一位編輯回應這份論文所引發的強烈抗議：

當作者們準備在《美國國家科學院院刊》（*PNAS*）發表論文時，便已同步表示：「由於這是臉書出於公司內部目的進行的實驗，康乃爾大學機構審議委員會（IRB）確定這個項目不屬於康乃爾大學的人類研究保護計畫（Human Research Protection Program）。」康乃爾大學已證實這份聲明。[11]

這段文謅謅的學術語言其實是在說，臉書根本特意避免外部審查，而非尋求外部審查。請謹記我們的透明度和責任感這兩點，如果你發現自己希望其他人不會審查你的工作，你可能正在做一些不合倫理的壞事。

第三，它們在回應中打混仗。研究人員自己幾乎立即道歉，但不是為了他們採取介入造成負面影響，而是因為心中擔憂研究發表後引起人們關注。意思是，就介入本身來說，一秒惹怒你完全沒關係，但我們對於告訴你這件事結果惹你不爽這一點非常抱歉。

幾個月之後，臉書以技術長在部落格發文的方式回應整件事，他特意不提及公司在介入中推播負向內容，只有提及促發正向內容。[12]再說一次，如果你發現自己不得不非常謹慎仔細地撰寫部落格文章以避免爭議，你可能正在做一些不合倫理的壞事。

在部落格的發文中，技術長洋洋灑灑列出臉書為了因應這項研究引發的強烈抗議所採取的諸多行動，包括四項要點：制定倫理準則、由全組織各單位代表組成內部倫理審議委員會、倫理培訓，以及將它的所有論文集中發布在研究網站的某一處（最後這一點怪怪的；同意公布你發表的研究論文與公布你的介入又不是同一件事）。毫無疑問，這幾點符合我先前建議的策略，但讓人完全無法理解的一點是，當時市值高達兩千億美元的臉書為什麼在此之前從未計畫過上述任何事宜。

為免我強調這道促發壓力的聲量不夠強而有力，再補上一件事實：在論文、部落格文章發布後一週內，臉書的市值分別蒸發一百四十億美元、一百二十億美元。但願這其中的相關性足以提醒你，你的組織和倫理緊密相連無法切割。

第七章

試驗與驗證試驗、測試與驗證測試、規模決策與持續評估

每一天，在世界各地的會議上，都有人從解釋某個字在字典裡的定義，以及它哪裡有問題而展開演講。我討厭那些閒扯淡的談話，但他們確實是採用了所有領域都適用的基本法則之一：如果人們對字詞的認知、看法不一致，一切都會停滯不前。所以，我打算在不使用字典的情況下，清楚具體地說明我如何使用「試驗」、「測試」和「規模」，以及為什麼它們能啟動介入設計歷程中三道特有階段。

首先，它們得按照上述順序排列，你不能先測試某件事之後才做試驗。隨著每次進展，你可以確定介入實際上打造行為改變的能力，以及在改變的規模和所費成本上獲得相關資訊。這主要是因為每個階段必然包含更多的樣本數（代表著

「有多少人與介入相互作用」的花稍統計術語）、更持久的設計和歷程、更多組織內的參與者，以及讓介入更有可能成為標準操作程序的固定環節。

試驗是嚴格評估我們預料不會起作用的介入（請謹記，我們必須明確證實效力以抵抗驗證性偏誤），因此我們使用小量人口群體，集中於加快產品上市速度，並在操作上採用不夠嚴謹的方式達成。說來好笑，「不夠嚴謹的實務操作」正是代表著：整體來說，我們是打算對組織造成微乎其微的影響，並非打算使它變成常規以達成規模化，因為如果沒有顯著反覆修正和改進，試驗就不太可能繼續向前，因而投注在持久性歷程的一切資源都有可能會流失。

還有一項沒想到的次要好處：減少損耗顧客和員工。當我們以看似完美的方式做事時，客戶很快就會習以為常，一旦中斷的話他們就會覺得是損失。對員工來說則是一道更沉重的打擊。領導者常犯的一項錯誤就是，忘記人們會主動投入到他們創造的事物中，因而誤以為削減專案時他們會覺得無所謂。然而，人們非常關心他們工作的意義，所以透過小型試驗和不夠嚴謹的實務操作（是的，還是說來好笑），你就可以藉著減少投資降低員工損耗。行為經濟學教授艾瑞利和他的同事親切地示範這種效應：如果你花錢請別人組裝樂高（Lego）積木，然後立即、大動作拆解他們的樂高積木創作成品，而非把他們面前那些組好的模型按主題列出，他們很快就會中止手上的工作。[13]人們渴望成就感，因此試驗和測試有助於我們掌控成就的定義。

速度和資源使用效率在此也很重要。因為我們在介入篩選期間選擇多重介入，因此可能會在任何特定時間同時進行三到五場的試驗。如果那些試驗操作期間負荷過重，我們就會像車子熄火般無法前進，所以我們必須經常聚焦發掘介入的最低標版本，而這種介入仍可帶來行為改變。對於專案經理來說，我的經驗法則是，如果實地試驗所費時間超過兩個星期，就需要縮減規模。試想你最後想要採用寄發信件的方式來大規模進行這件事，卻導致收發室爆棚嗎？那就從打電話開始。設想要有個花稍的技術輔助程序嗎？先用試算表和苦幹實幹來展現積極向上的動力。但同樣地，確保它足以實際產生行為改變；你不會樂見匆忙行事導致錯誤拒絕一項介入。

驗證試驗就像驗證深刻見解一樣：量化和質化確認你正朝著正確的方向前進。由於樣本數小，因此在統計上並不顯著，但這不要緊，你只是試著拿到足夠的正／負／無效信號以便決定下一步。會有人選擇在我們的教堂診所接種流感疫苗卻不願意在別處施打嗎？收到我們的信件因而願意接種流感疫苗的人數是否超過那些沒收到信的人數？有了大致的概念以後，請用三角驗證法來驗證它，然後繼續前進。抑或是，假使它真的無效，而你的直覺反應認為這只是缺乏足夠的信號，你可以隨時擴大試驗並再次執行。

即使我們沒有打算突顯顯著性，以估測來說，驗證試驗是介入設計歷程中最重要的階段之一。我們撰寫行為陳述時，會自信滿滿地說出「由〔數據〕估測而得」這種話，但其實試驗才是我們第一次真正估測行為。量化研究人員將會想出如何以持久的方式實際拿到數據，質化研究人員則開始了解在訪綱中應該提出什麼問題，以及哪一種環境適合觀測。如果都順利完成，我們現在所打造的控制儀器將一路在前方引導，直到我們做出規模決策。

很有可能某些介入會得出無效結果，甚至還可能與你正著手的行為改變背道而馳，這種結果是意料之中的。要是我們嘗試的一切實驗都會產生我們想看到的行為改變，那麼很可能是我們正處在評估錯誤的情況之中，或是成為驗證性偏誤的受害者。如果介入沒有創造你想要的行為改變，那麼你就有了決定。它和篩選介入一樣，都是你最終只需憑直覺就知道的事：要麼你修改試驗並重新執行，不然就是砍掉重練。然而，這也和篩選介入一樣，有些模式可以幫助決策。

但願你已遵循介入設計歷程執行多重試驗，兩者背後往往具有共通的壓力。因此，你可以看看試驗失敗是否是獨特事件，或者只是比較龐大模式的一部分。舉例來說，假設我找到宗教領袖布道關於接種流感可以保護他人的重要性，而且根據社區責任的相同促發壓力寫一封個人化的信件寄給人們，但兩者都未顯示出最微弱的有效信號，這可能證明社區責任這一道壓力並非如我所想的那般強大，我應該停止讓試驗朝那個方向走。另一方面，如果布道有效但信件無效，那便告訴我社區責任仍可能是強大的，我應該修改信件試驗，讓它更像是布道。

決定修改也可能受到介入組合中其他介入的成效影響，即使它們不是基於相同壓力。歸根結柢地來說，我們不關心任何個別介入的結果，甚至不關心驗證壓力；它們都只是達到目的的手段。我們從終點著手，所謂終點便是行為，因此如果你執行五種介入，其中一種不起作用，但其他四種介入有很大的效果量，請不要再考慮那個不知去向的介入，繼續前進。你已改變行為，這就是整個介入設計歷程的目的。

現在我提早插入「統計上顯著」和「效果量」用語，你們當中有些人點點頭，即使實際上並不懂這幾個莫名奇妙的術語有何含意。別擔心，每當有人開始聊起流行文化時，我的反應也和你一樣，因為我無法從你提供的一堆名字裡挑出大眾喜歡的青少年偶像明星。但在這裡，統計數據實在很重要，你了解它們才能成為更好的介入設計歷程管理者，因此我們將在繼續著墨試驗／測試／規模之前，稍稍涉足統計數據以及如何使用它們。我實際上不會教你如何處理任何數學（你以為自己在讀什麼樣的書？），但我至少要確保你會真的點頭同意。

即使你是統計專家，也請讀完這個部分，因為我要在這裡挑戰一些基本假設。我是現代的穆德〔Mulder；編按：科幻影集《X檔案》（*The X-Files*）男主角〕探員，關於p值，他們騙了你一輩子！這是個陰謀！

我們用於驗證介入的統計數據是基於一樁簡單事實，亦即人們既不完全可預測，也不是完全不可預測。如果我們完全可預測，就不需要任何統計數據了，因為介入衍生的效應在人口群體上不會有任何變化。想想我們的個人化流感疫苗信件，如果人類完全可預測，那麼每個收到信的人都會接種流感疫苗，又或者沒有人會這樣做。因此，驗證就像僅僅觀察整個群體向哪個方向移動一樣簡單。

如果人們完全無法預測，我們也不需要數學（或介入），因為介入設計歷程再也不會起作用。無論我們執行什麼樣的流感疫苗介入，人們毫不關心壓力，只會隨機接種或是不接種。由於世界尚未陷入混亂，行為改變確實可行，我們可以安全地假定它並非是個全然無法預測的世界。

所以我們就寄出信件了，然後有些人施打流感疫苗，而有些人則沒有。統計數據幫我們做到的一步是，明白有多少行為差異是信件所致，又有多少是因為其他可能導致人們打或不打流感疫苗的壓力。

在一個完美的世界裡，我們會把這封信寄給地球上的每個人，這樣一來，當我們評估行為改變時就會確切知道這道介入有多強大，因為我們知道它對全部人口產生的真實效應。但是這種情況顯然不會發生，因為我可負擔不起七十五億封信的成本！所以取而代之的是，我們發信給某些人（我們的樣本是以「樣本數」為名），並試著歸納出其他人將會做的事。我們寄發的對象越多，就會對我們估測的結果越有信心（要是發信給每個人，我們估測的結果仍然會成立）。

對一項試驗來說，我們可以選出兩百人，寄信給其中一百人（實驗組），另外一百人（對照組）則不採取任何行動，然後我們可以做兩種類型的統計測試，判斷這封信是否有效改變他們的行為。第一個是受試者內測試（within-subjects test）：我們只選那些收到信的人，看他們當中有多少人在收到信之前的一個月內接種疫苗，以及有多少人在收信後一個月內接種疫苗。如果在收信後接種疫苗的人比收信前要多，我們便獲得一些顯示它也許有效的證據。

可是，等一下！這可能真的只是越到流感季後期，越多人會接種流感疫苗而已，與這封信無關。因此，我們可以進行一項受試者間測試（between-subjects test）以進行三角驗證：我們看看有多少收到信的人在接下來的一個月內接種流感疫苗，又有多少沒收到信的人在接下來的一個月內接種。如果收信組接種的人多過未收信組，我們就再次獲得它可能會有效的證據。

希望這兩道比較結果都是朝同一方向發展：收到信會使人們更有可能接種流感疫苗。不完全可能（請謹記，我們這群只不過可小小預測的人們），但比起我們什麼都不做，要來得更有可能。這一點引發兩個重要問題：「流感疫苗信件在多大程度上促使人們去接種疫苗」，以及「我們怎麼能確定，這兩百名以外的人們也能一言以蔽之」，這就是為什麼你的量化研究可能會呈報出兩個數字：效果量和p值。

效果量回答第一個問題：它告訴你這封信是否成功讓人們改變他們的行為，或者它只是略微改變他們的行為。闡釋效果量非常簡單，因為數字越大，代表介入越有效。雖然實際效果量究竟代表什麼意思並非十分明確（在很大程度上這一點取決於你評估的東西），一名量化研究人員可以很容易地將它轉化成描述性的陳述，例如「收到信後會有多出二〇％的人接種流感疫苗」。

p值則回答第二個問題：它告訴你對於這封信實際造成的效應可以有多少信心。這有點令人困惑，因為較低的數字意味著你可以更加確定介入有效。這是由於p值實際上是你認為你在人口群體中發現的任何事物，真的只是因為隨機變動，而不是你的介入所造成的百分比機率。因此，如果我說這封信導致人們接種流感，而且p值為〇．二，那就代表我有二〇％的機率是錯的（而且這封信沒有效應）和八〇％的機率是對的（而且這封信確實改變行為）。請注意，錯誤並不表示這封信具有負面效應，而且實際上還阻止人們去打疫苗，只是它一點用處也沒有，我們稱之為無效結果。

現在，如果你非得納用一支數據科學團隊，成員都未曾接受行為改變工作內容培訓，很可能你會需要來場搏鬥。我們認為，「真實」的常規p值應該是p小於〇．〇五（即你有五％或說二十分之一的機率是錯的），但是這個常規來自學術界，在這個圈子裡我們從不呈報任何不真實的事物。這一點極重要，因為其他人將會在它之上發展他們的研究，而錯誤的結果可能導致整座倒楣的紙牌屋作廢。

我們關心的是改變行為，而不是追求靈知，所以我們擔得起只在某種程度上正確而已。試想：我有一項介入的p值是〇．二，如果你對一般數據科學家這麼說，他們會告訴你，你手上什麼也沒有。**天哪，老兄！你有五分之一的機率是錯的。騙子、騙子、騙子。**

但你沒有問我任何關於這道介入的問題！它是一種小顆又好吞的藥丸，除了使你的吸引力提高二〇％之外沒有任何副作用。它有棉花糖和彩虹的味道，但不用花什麼錢。它治癒了可惡的癌症。想想即使可能有五分之一的機會我錯了，而且它並不能治癒癌症，我們也許還是會想要進一步研究一下？因為這就是試驗驗證：告訴我們是否應該接續更大的測試。

以一般呈交討論的介入來說，除了白白浪費資源之外，通常很少會造成什麼錯誤後果。因此，如果介入沒有重大缺失，那麼五次裡面對了四次並不是什麼可怕的事，而且這也是統計數據會再有可用武之處。

我們要有p值的原因是，我們不能向世界上所有人提供這道介入；如果我們這樣做，無論我們測量什麼，都會是介入的實際效能，因為我們會確切知道有多少人改變了他們的行為。抽樣需要信賴值，因為我們依據一個精挑細選而具代表性的人口群體來歸納並概括整體。樣本越小，我們所做的結果就越籠統：比起只針對一百人，如果就全世界一半的人口進行介入並估測，我們可以更加肯定這項評估是改變行為的真正力量。

試驗的用意便在於它的規模很小，因此我們極不可能從小小的試驗中得出對於整體人口行為極具信賴的結果，這是我們測試的原因之一。

如果你已經有行為改變的收斂效度，即使在p值為〇．二的情況下，你還是會想要更深入了解介入。那麼測試就像一場試驗，但人口群體更大、操作更審慎。在這個步驟當中，我們會努力檢討「它是否值得」這樣的問題，就介入對於行為的實際整體影響去估測規模化的難度。再一次，超乎你所想，這會扼殺更多的事情：事實證明要找到介入改變行為相對容易，但相對之下卻很難找到值得去做的介入。我們要了解是否值得便得透過測試驗證；同樣地，不斷的量化和質化回饋是關鍵，儘管我們的測試還必須符合我們對操作成本和效果量的要求。

現在，如果你夠聰明（或自作聰明），就可能會反問，既然比較大的樣本數量總是看起來更有意義，為什麼我們不乾脆直接跳到測試再開始。畢竟，如果試驗唯一的工作就是告訴我們，必須再執行一次，只不過規模更龐大，那幹嘛不一開始就從大工程入手，省去額外的步驟呢？

因為我說了算，也因為不直接規模化，真的就是為了避免各種明顯危害的保險做法，這些危害包括像是浪費金錢在無法改變行為的規模化介入、為了避免大腦受到傷害所幹出的天大蠢事。但你可以說，測試會抓出這些問題，只是比試驗稍微貴一些或更少曝光。這樣說來，如果我們關心p值，為什麼還要試驗這一步呢？

真正的原因可以濃縮成一項簡單的人類真理：失去是一種傷害，更大的損失造成更大的傷害。我們付出的努力越多，就會為了不要失去越拚命，我們就越傾向不去理會介入可能會無效的證據。這一切都回歸到我們在介入設計歷程中費盡心思要防範的驗證性偏誤。試驗的主要好處並不在於它們很小，而是它們需要投入的心力比測試還少，因此我們比較願意去識別出那些無法改變行為的介入。

這並不只是可以省下流感疫苗信件郵資或避免品牌尷尬。請謹記，試驗在操作上是刻意不夠嚴謹，以避免投入大量資源、打亂現有流程。在現代商業界中，為數驚人的介入在既沒有經過試驗也沒有通過測試的情況下大舉推出，但幾乎沒有人會說測試是一項壞主意。我們僅止於此是因為它是抑制壓力的結果所展現的長處，而非有價值的促發壓力所展現的弱點。因此，我們採用比較簡易的試驗來減少投入的心力，得以產生更多的介入驗證循環。

讓我們以三葉草為例，說明如何採用簡單的數學歸納出這種差異。我的行為科學團隊是以三個人為一組：一名量化研究員、一名質化研究員和一名專案經理。他們一次進行兩項專案，每項專案平均費時八週，因此每年約有十二項專案，每項專案通常會試驗三到五個介入，因此每年有三十六到六十場試驗。我們通常有二到三組同時進行，對於一支十人的團隊來說，最多總計有一百八十場試驗。

試想自己身為領導者，光是試圖在操作上採取嚴謹的方式，採用龐大規模測試那麼多道介入，以達到p值小於〇．〇五的結果，姑且不論你可能只因為沒有標準操作程序，因而無法維持這種速度（請記住，那指的是一週三場操作的改變結果），你是否有勇氣承認五〇%的介入不會改變行為，而且應該中止？即使你真的能辦到好了，你的團隊也可能全員棄你而去，因為你把所有時間花在沒有規模化的專案上。

試驗讓我們只需投入微小賭注，不做大量承諾，而且沒有什麼能夠更快斬除驗證性偏誤。我們在測試前多做一道步驟，並在一般操作之外執行這麼多試驗，可以免去主張一些令人感興趣但實則糟糕的想法，就只是因為我們沒有一開始就投入那麼多心血，況且還有許多其他的事情可以嘗試。

這就是為什麼在試驗階段我們不在意p值等於〇．二；若再加上強而有力的質化三角驗證，便足以順利推行測試並檢視操作中斷的部分，以看看我們可能如何進行大規模介入。這真的是測試發光發熱之處。在一項試驗中，我們甚至不曾試圖裝出我們正用永續發展的方式做事，唯一的目標是弄清楚行為是否完全改變了；而在測試中，我們可以真正開始考慮，某樁事件成為我們標準操作程序的一部分會是什麼樣子。

到了測試階段這種做法會引發一些事情。首先，因為我們現在正具體執行，因此有可能會改進介入。部分是因為在試驗過程中匯聚所學，但部分則只是我們為讓某件事繼續擴增所發生的必要變化。我們將驗證以確保這些變動沒有任何一項會改變最終結果。

其次，會有更多人接觸到這道介入，肯定不只是客戶，也包括你自己的員工。這很重要，主要是為了那個討人厭的驗證性偏誤問題。我們在試驗中已經看過一次介入運作，所以我們很興奮，因而會想要繼續推動，但請謹記，p值等於〇．二代表介入有二〇%的可能性實際上沒有改變行為，所以介入的二〇%理當不會通過測試驗證（要是通過的話，你就產生驗證性偏誤的問題）。在這種情況下，你會做一個與遇到試驗驗證失敗時相似的選擇：重新執行並查看它是否只是一個離群值，然後完全消滅它，因為其他介入是有效的；或者你可以將它送回試驗階段嘗試稍做修改。你將看到p值、效果量以及可能的干擾並做出決策，而這個決定可能因為擴大公開程度而不受歡迎。歡迎成為領導者。

然而，p值等於〇．二代表八〇%再介入確實起了作用，而你將在測試驗證期間再次讓大家看到這一點。但是測試不僅僅是確認介入改變行為，它也關乎決定是否值得去做。這杯果汁值得花時間榨嗎？因為測試的主要結果不是介入，而是規模決策。

到了這一步，我們在介入設計歷程中已進行好幾輪的驗證，從最早的深刻見解和壓力場測繪，一路延伸到現實世界中兩個不同而非單一的實際介入驗證。我們還了解到運用介入要付出多少努力。因此在測試之後，我們可以做出一個相當強而力的榨果汁聲明（編按：一種用來質疑某件事是否值得放手去做的比喻說法，即是指評估結果聲明），聽起來像這樣：[14]

> 我們〔有信心〕〔介入〕將〔方向〕〔行為〕（由〔數據〕來估測）。要使它規模化需要〔努力〕並會隨之產生〔改變〕。

紙上遊戲瘋狂填字（Mad Libs）不是很好玩嗎？我們來破解吧。

有信心＝根據p值，但可用一般的用語。

介入＝介入是什麼。

方向＝它是否增加或減少行為。

行為＝你在行為陳述中建立的可估測活動。

數據＝你如何量化你的人口群體正從事的行為。

努力＝規模化所需資源。

改變＝根據p值，但可用一般的用語。

以我們的流感疫苗接種信件來說，可能看起來像是這樣：

我們非常有信心根據會員健康動機發送個人化的流感疫苗接種信件，將增加流感疫苗接種率（依索取流感疫苗來估測）。將此行動規模化需要大約十小時、五千五百美元，並會隨之多出約莫五百人接種流感疫苗。

這些措詞大多數都無需解釋，而且是介入設計歷程一步一腳印的自然結果。但這裡我們要補充說明一個微妙之處，是聰明的自作聰明者可能會指出的：如果只想將我們有自信的事情規模化，為什麼還需要表達信心？

簡單的答案是，有信心之外還要再更有**信心**（這聽起來很像壯陽藥威而鋼（Viagra）的廣告詞），而且確實如此：八五％確定和九九％確定之間存在差異，決策者理應知道你屬於哪一個，但實際上有個更重要的原因：我們得記錄失敗。

在科學界，由於研究結果的傳播途徑主要已經變成同儕評閱期刊，結果我們就有了文屜現象（file-drawer problem）：你不曾聽過未達顯著結果的研究，這是因為它們從來沒有被發表過。事實上，我們有大量研究確實有顯著結果但仍未過關，僅僅因為它們不夠新穎，而期刊則因嚴格篩選而獲得獎勵。

在商業界，文屜現象被放大了，因為我們不僅不會討論未達顯著結果或是沒有資金的介入，也不會討論走錯方向的後果。至少在科學界中，如果你不小心發現某些被廣為接受的現象無法再造，或是你的實驗產生反效果，依舊可以發表；但在商業界裡，缺乏有力的證據、介入造成反效果，以及無法獲得資金都會被視為失敗。基本的商業規則就是千萬別討論失敗。

只要談到介入設計歷程，就請忘掉這些。一項規模決策等同清楚說出我們有信心流感疫苗信件起不了作用，或者我們不確定它是否將起作用。規模決策它不但有效，也應該與介入設計歷程中所有其他細節一起歸檔。我們會記錄每次介入的結果，無論是好是壞，或者是不好不壞。

試想如果必應教室特別版沒有奏效，我就會讓微軟蒙羞，就像至尊魔戒（One Ring）（我忍不住不說個哈比人的笑話）一樣，時間會繼續前進，我的努力會被遺忘，這意味著最終另一個人將不得不再重新做這整件該死的事。只要記錄我們欠缺的信心，或者我們弄錯的信心，我們便是創造一段可搜尋的歷史，成為未來所有介入的資產。自作聰明，那就是我們表達信心的原因。

其餘的事很容易。我們正在描述介入、它創造的行為以及「果汁／榨汁」（評估結果）之間的權衡。但事實是，就算句子寫得清楚也並不代表著規模決策會很容易；利用相競需求來協調資源決定著組織成敗。但是當我們透過介入設計歷程推動需求，並在評估結果已知情況下打造介入設計，優先考慮資助哪些介入便不再只是由誰以及如何竭力爭取的用途而已。

就像規模決策一樣很不容易，我們之所以還沒搞定是因為一項基本事實：即使是規模化的介入最終也會停止作用。了解它們何時終止，並加以修改或淘汰它們的唯一方法是持續監測。這是一次又一次的驗證，但是一直要不斷檢查的地方不只是一項介入的完善狀態，而是全體行為改變組合。

這一點之所以重要是出於兩個主要原因，而且它們都與一項事實有關，即對於行為科學家來說，真的只有一種真正有限的資源：認知注意力。我是一名三歲孩子的父親，我的心理資源正在萎縮而不是在成長。你的大腦在任何特定時間都只能處理那麼多事物，即使我們將它們從你的主動考慮區中移除，以便由非意識心智處理，你最終也將乾枯。而每次介入，無論多小，都會吃掉一部分有限的認知注意力。

這導致我們有時稱之為食人魚效應（piranha effect）的狀況。隨著時間流逝，你將針對相同行為的規模化介入整理出一套組合。舉例來說，想一下關於戒菸的介入，因為沒有一道介入能改變所有人的行為，因此我們必須不斷創造新的介入行動。如果你加總所有關於戒菸介入的學術論文，那麼效果量就會相當龐大，這暗示著如果我們就將這些介入一層一層往上加，那麼每個人最終都會停止吸菸。

唯有一點除外，那就是這件事根本不會發生。反之，雖然每一次新介入都會改變額外一些人的行為，但若是個別進行，最終也不會產生相同結果。這種做法會發生在針對相同行為的介入（像是將你的菸盒鎖進抽屜裡，分散你對菸盒上有著吸菸會危及生命警語標籤的注意力），以及世界上所有的介入（節食同時還戒菸？祝你好運）。因此，我們若是持續監控所有介入，就可以看到每項外加介入的效應，像是它是否會蠶食另一項介入所獲得的成果？它大體來說會很費力嗎？持續監控讓我們慢慢滴出完美的綜合果汁。這就是為什麼階梯式的行為陳述極為有用的原因：如果優步的行銷部門已經增加應用程式的註冊數量了，但最終還是拉低整體搭乘數量，這便代表是個糟糕的介入，可以放心刪除了。

目前這裡頭有一些元素你無法控制。介入競爭加劇了在本書前言裡讓我怒火中燒的大型廣告支出：設計不當的介入協調不佳，導致嚴重認知超載，並迫使核子軍備競賽受到關注。無論你多麼完善控制國內政府各個部會職掌，事實上都無法真正選擇退出這場全球認知資源競賽。

但同樣地，這也是持續監控對我們有幫助的原因，如果你試著停止抽菸行為並啟動有效介入組合，那麼這些組合可能會因為這些介入所依據的壓力改變而中斷。同樣一支廣告在一九七〇年代有用，五十年後相同的模式可能不會成功。改變壓力可能會導致你要修正或終止眾多介入，而且這還只是歷程中自然的一部分；儘管一切都是為了打造一道規模化介入，但它沒有與生俱來便可存在的權利，而是應該為更好、更新的介入騰出空間而終止。

所幸，由於我們記錄整道介入設計歷程產生了介入，因此我們可以回到整個環鏈上游看看哪些節點已經變動。如果所有基於成本考量的介入突然停止運作，這就是一個非常好的跡象，因為它顯示這些選擇方案所付出的代價已發生變化。這裡正是我們需要重新開始的地方，介入設計歷程有助於讓我們的介入在本質上更具彈性，但前提是我們將這些方法付諸實行以偵測變化。

由於持續監控只是另一種形式的驗證，並沒有大規模的新流程需要記錄，因此我只談最後一個注意事項：請確保持續監控具備中斷警報。儀表板並不是持續監控，因為它需要有人去打開所謂的儀表板並監控變化，就像你不想因無法執行持續監控，結果白白浪費你花在介入設計歷程的所有時間一樣。想想，如果所有合適的估測都準備就緒，但卻無法獲得通知，那是什麼感覺。

到了這一步就圓滿達成了。隨著組織繼續發展，你為了某項特定行為，將會在不同的時間點頻繁參與整道介入設計歷程，但目前你已經擴展一項或多項介入，並充分實現行為改變，而且這項改變有其必要。請謹記，我們需要心理距離以利改善事物，所以請找其他東西去著手，依據規模一點一點地調整。

在今日的《廣告狂人》世界中，關於我們打造的一切所涉及的決策，端賴與介入的品質及其所創造的行為結果無關的特點。擁有內部政治資本和純熟簡報技巧的白人向已經打算相信他們的領導者提案，這是因為驗證性偏誤依然原封不動地留存在老男孩俱樂部裡。紙上談兵聽起來不錯，所以對公司來說一定是好的，其實除了它來自天之驕子的口中〔編按：借用反越戰歌曲〈天之驕子〉（Fortunate Son）批評富人發戰要窮人打仗，諷刺企業菁英只會出一張嘴〕之外，沒有任何衡量標準可具體指出「好」實際上代表什麼。這是一種偽裝成精英管理的冗長廢話，我們所有人都正在償付這道代價。

本書內含明確建議的反事實。簡報檔只是介入設計歷程的一場排練，由參與研究並執行試驗和測試的人士帶領，它不是提案，因為我們都站在同一邊。基本原則並未存有爭議，因為我們已經記錄它們是如何蒐集並估測而來，因此會議的重點是根據所需資源和預期結果相互評價已經測試的介入。這是權衡而非販賣。

現在，選擇你想要居住的世界，因為有一種全新的運作方式，你可以自己決定是否要參與其中。你可以把行為當成歷程的中心，並確定這些介入的優先順序而改變行為。你大可以終為始。

第八章
啟程的終點

我真的很想在第一部最後一章的結尾處就此放下麥克風。拜託，這實在是有夠屌：迷人又雄辯滔滔關於創造行為改變的三萬字，這剛好又是自己巧妙地導出書名？十分順利流暢。

而且完全不切實際。我依循規模而進行這事的時間比其他任何人都要長，我指揮著世界上人員配置最完善的內部行為科學團隊之一，從試驗過渡到測試的過程中，即使事情稍有出入，我都有堅實的主管認同和優秀的操作夥伴相挺。實際上，創建行為改變會把東西弄得亂糟糟，因為我們的組織也是一團亂，連我們正嘗試要改變的對象也是如此，但那並不是不去做的理由。

你們當中有些人了解這一點，那麼你將會讀完這本書，然後就開始以不同的方式做事。你將成為在搭乘地鐵時思考如何讓大家讓座給老人的思考者；你將開始為心中的各種壓力找到平衡，並把它們連接到介入行動。在正式或非正式的情況下，你將開始將組織文化轉向驗證，並將尋找如你一般可以一同分工、創造多樣性的人們，這是真正想要做好介入設計歷程的必要條件。

對你，我會說，開始動手並讓它效果加乘吧。請謹記本書一開始的一段話：「生命所能提供最美好的犒賞，就是有機會致力實踐值得努力的工作。」當時，羅斯福正在與一群農夫交談。大多數人對於我們這群下田工作的莊稼漢有多高貴一無所知，但羅斯福說得對；大量的科學告訴我們，那意義重大。當羅斯福的髮妻去世時，拯救他這條命的力量正是工作，也許為了改變行為而拚搏也終將拯救你的生命，因為它確實拯救我的命。

所以請把這本書送給其他人，製作屬於自己的介入設計歷程，提醒全世界，如果科學是他們的方法、行為是結果，那他們也是行為科學家。如果你需要幫助，請發一封電子郵件給我，寄到matt@mattwallaert.com，我們再來看看可以做些什麼來幫助你，因為我總是會將時間留給那些願意設法改善事情的人。真該死，我的網站甚至還有一個連結，你可以藉此跟我預約一個通話時段。喔，我才不會收費，你想太多了，真是太過分啦。請記住，沒有狂熱者會像歸信者那樣虔誠。我不收取演講費、諮詢費或是與我的說話費，只因為一項簡單的原因：我相信如果我們這樣做，許多事情會變得更好，但願你也相信這一點。

聰明的自作聰明者，你會注意到，本書往後翻還有更多頁，那是因為我留給你更多值得吸收的資料。剩下的章節是關於行為改變的案例研究，深入研究特定壓力，以及反思一些當你在歷程中可能會刺痛自己的棘手問題。你不一定要按順序閱讀，並且不用感到有壓力非要繼續讀下去不可，要是你只想讀到這裡，也足夠你開始著手了。

但我知道，你們當中只有少數一些人準備好了，因為每次我演講完介入設計歷程後，總是會有人事後告訴我，他們有多麼喜歡這個想法，但為什麼它永遠不會在他們的組織中發揮作用。缺乏主管支持、缺乏資源、沒有充足而合適的人和太多不適任的人。我深表同情，這些都是強大的抑制壓力，足以使人們不想要繼續努力求變。

但這就是為什麼我們在此相聚的原因。一般來說，到目前為止，我們已經花了大部分篇幅探討行為改變，因為它適用於顧客／用戶／會員／任何你對組織外部人們的稱呼。但請謹記，我所談到的介入設計歷程是一道為行為改變而設計的普遍程序，正是因為凡人無論在何種情境下都是凡人，也就是說，如果你做到這一點並且相信要從你想要看到的行為著手，你就可以像改變使用者行為一樣，讓組織行為產生變革。因為你的組織都是凡人，而你知道如何改變人們的行為。

所以，如果你對哪個環節百思不得其解，那就從那裡開始吧。確認哪些組織行為阻擋你實行介入設計歷程，並據此撰寫行為陳述，找出深刻見解並驗證它們，測繪壓力和設計介入，接著試驗、試驗、試驗。

如果你做得對，你會感受到它。在「推出（產品）去就對了」的文化中，你在一開始會發展得比較慢，但請記住，我們衡量成功的唯一標準就是行為改變。

因為你的每一步都在驗證，所以你等於是邊做邊學。慢則穩、穩則快，當它們試圖讓產品與市場相契合時，你已備妥一道計畫完善的程序，你所做的一切都自行建立在這項基礎上。

因為生活會向科學招手，一切都有著蓄意的改變，你閱讀本書後就會產生一套程序，足以有系統創造那道改變。你不能再抬出行為無法改變當作藉口，因為在足夠的時間和資源下一切都可以辦到。當然，你可能仍然認為不值得花時間在某些行為上，這樣想無所謂，因為我們全都必須選擇為何而戰，但是請保持高昂鬥志，你可以做到的。請謹記，如果對的事易如反掌，那麼每個人就會做對的事。

我們都擁有力量，雖然強弱程度也許不同，但在可控區域內我們每個人都有影響力。即使它一開始只改變一個人的行為，而且即使那個人只是你自己……我認為這是全人類面臨的挑戰，我不打算認輸。

你看，我很努力地偷渡一句皇后合唱團（Queen）的歌詞在我的文章裡（編按：前一段句尾的原文「and I ain't gonna lose」取自皇后合唱團經典作品〈我們是冠軍〉（We Are The Champions）」，現在我可以丟麥走人了。

第二部

進階行為改變

第九章

提示、調節、中介

如果說全世界真有一只壓力至尊魔戒，那肯定就是身分認同（這不就意味我是黑暗魔君「索倫」（Sauron）？」，我們在滿足食衣住行等基本需求後（雖然依據美國消費者債務總額判斷，可能並非如此），便為它消耗大部分資源。我們接連不斷地消費與身分認同相關的產品，從時尚、音樂到賽事活動，隨著社群媒體將幾乎可說每一件事都變成是身分認同的行動，更只是加劇消費力道。別再把食物想成是一種供給身體能量的手段，從現在起它必須是你多元的自我表達方式。

這種現象不僅發生在高度工業化的國家，在發展中國家，隨著可支配所得日益成長（真是謝天謝地），人們不再只求三餐溫飽，身分認同的相關花費也隨之增加。實際上，未來幾年與身分認同相關的銷售業務，很可能會是發展中國家現有品牌和新進企業的關鍵成長契機。

由此觀之，二千二百億美元的廣告支出主要集中在身分認同，這一點並非偶然。鮮少有廣告只聚焦在產品特點，反而大部分是試圖連結產品概念與我們自己的想法。顯然，這種手段行得通。業者不是呆子，它讓那筆支出順理成章地化為創造全新壓力的手段。

但是，走到這一步也只是靠蠻力而已。廣告是種獨立傳遞的介入，而且又是源於一種最沒有創造性的媒介，它若想追求高效能、高效率，就必須將身分認同置身而非抽離我們所有的介入行動中，因此幾乎每一種超級成功的介入都是善用身分認同當作主要壓力。

身分認同的相關研究著作多如牛毛，而且就必要性而言，就像本書內容一樣，我們非得簡化才能讓它易於理解。身分認同難以研究，探討身分認同的理論動輒便會引發激辯，是故，我將會提出一些可能招致某些學者嚴厲斥責（或是消極抵抗式的迴避，這種情況比較容易發生）的論述，但請記住，我們的目標是行為改變，這是我們思考身分認同的架構，應該只須達成幫助我們改變行為所需的準確性就好，否則我們可能整本書都在這個主題打轉，沒完沒了，搞不好還得出第二冊（開玩笑的啦，不會有第二冊，拜託請不要叫我針對相同主題再寫一本）！

因為身分認同是最強大的壓力，因此也是我們必須最謹慎處理的壓力。我已經在第一部花了一整章探討倫理道德和處理相關挑戰的程序，因此不再贅述，不過請務必認清，一旦你自身開始投入探討人們如何看待自己和他人時，就得擔負起需要額外關注的道德責任。我不是警告你不要採用身分認同，因為根本不可能，我們做的每一件事都在某個層面與我們的身分息息相關；換個角度來說，請試著想像成駕車好了，你會常常開車，而交通事故通常發生在切換成自動駕駛模式時，那麼請記得扣好安全帶並檢查後照鏡！

一般來說，當我們問起他人身分時，對方的回答多半聚焦自身角色：我是個父親、我是行為科學家、我是鄉巴佬。我們身兼多角，但無論是有意識或無意識，並非全都能彼此完美協調、持續變化以適應自身狀況。實際上這才是改變行為的動力來源：因為我們的身分靈活有彈性，端視需要而產生壓力。

身為行為科學家，我們必須傾向這種多樣性，請把美國詩人華特・惠特曼（Walt Whitman）的詩句刻入你的靈魂（並寫在你的白板上）：

我自相矛盾嗎？
很好，那麼我反駁自己，
（我包羅萬象，我之中有無數的我）。

我們的目標不在於把個人變成眾人，而是仿效行為表達，善用身分的曲折複雜產出我們盼見的行為結果。

我們該怎麼做？首先，讓我們遠離諸多角色和它們可惡的表親，即外在形象。沒有什麼元素能像外在形象這樣產生驗證性偏誤，因為我們可以自由操縱這個豐富的虛構人物，讓它具備任何性格以便支持我們想要運作的介入。外在形象留給現代的「廣告狂人」就好。以精確比對、驗證壓力取代我們對外在形象的需求，因為實際上決定行為的定型性格將永遠比虛構形象來得好。

請試著將身分認同想成是層級，頂端是「角色」，本身不具什麼意義，不過是簡略表達一套我們生活在其下的價值觀。這些價值觀攸關實際行為，因為身分認同確實就是我們告訴自己和他人的一句話：「我就是帶有那種（價值／行為）的人。」當我說我是鄉巴佬時，實際上是在表述一堆和我相關的行為與價值觀，通常稱為我的「同組」（in-group），可以是正面肯定（鄉巴佬聽鄉村歌手強尼・凱許（Johnny Cash）的歌、穿西部牛仔靴、性好純樸），也可以是反面否定（鄉巴佬不聽古典音樂、不穿西裝、不喜歡屁話連篇）。

如你所料，也有相反的「別組」（out-group）：與我自己定義的角色對立，但並不總是和同組恰恰相反；我不會說自己是花樣女子俱樂部的成員，但肯定會為了與老男孩俱樂部撇清關係就多管齊下修正自身行為。當我說我不是老男孩俱樂部成員時，便代表肯定某件事（老男孩俱樂部都愛評估淨值，我偏不愛），也代表否定某件事（老男孩俱樂部都不愛露營，我就是喜歡）。

以此為起點，我們便產生一個二乘二的矩陣（真是太愛社會心理學家了）：同組肯定、同組否定、別組肯定和別組否定。其實你已經知道這些組別了：它們只不過是簡略表達出身分認同形式的促發壓力和抑制壓力。

同組肯定是一股促發壓力（穿西部牛仔靴的理由），同組否定則是一股抑制壓力（不喜歡屁話連篇的理由）；反之，別組肯定是一股抑制壓力（不愛淨值的理由），而別組否定是一股促發壓力（喜歡露營的理由）。

這個矩陣讓身分認同更容易被嵌進介入設計歷程裡。在我們蒐集潛在的深刻見解過程中，可以針對我們的人口群體提出關於同組和別組角色的問題，接著可以比對與這些角色相關的壓力，運用這兩者與價值觀及其衍生的特定行為之間的關係。

價值觀在此發揮重要作用，因為它們對其他壓力有顛覆性的影響力。這一點實際上完全解釋了為何我們最終會有這麼龐大的反理性壓力，比如說，**成本**一直是一股抑制壓力，但是當它的價值改變成**精品**時，很可能成為促發壓力，但也可能依舊是抑制壓力，端視你的人口群體中同組和別組的角色而定。價值觀就像有色眼鏡，根據我們的知覺修正我們處理線索的方式。

我們檢視「角色」時很容易將它視為外在形象，因為一個人只要確認是這樣的角色，那就一定會有那樣的形象。但因為我們自身的多樣性和角色本身的彈性（許多鄉巴佬都不穿西部牛仔靴，這樣一來，城市人和鄉巴佬究竟有何差別），這種聯想完全不真確。

不過，我也不是認定身分認同毫無用處。請記住，我們正試圖改變人口群體的行為，因此絕對不應該指望每個人都會針對完全相同的壓力回敬完全相同的反應，這是因為在不同情境中，身分認同的意義也不同。你的宗教信仰認同比較會影響你如何安排週末；你的性別認同也更關乎你所選擇的衣著打扮。在某一種行為發生的情境下，你的宗教、性別認同如何與你本身產生關聯，可說是決定壓力強度的因素（因為相關性也不是固定不變的，例如宗教認同可能在教會中比較重要，但在職場上卻不那麼重要）。

這一點實際上為我們導入初次介入技巧。當角色和結果行為密切相關時，使用同組、別組相當容易，因為有了強大的關係，只要啟動身分認同就會導致行為改變，而且同組／別組、肯定／否定就會自行決定行為的發展方向，相關性則會決定自行改變的強度。

啟動身分認同最常見的技巧是「提示」（priming）：無論是有意識或無意識，運用身分認同和行為之間的直接關係會提醒我們的身分，進而影響行為。在實驗室裡，這一步通常是從「提問」這樣的簡單介入著手，達成強迫人們思考自己身分認同的目的（例如，「你與什麼性別過從甚密？為什麼？」或「身為女性對你有何意義？」）不過，也有人喜歡採用極度巧妙的提醒，例如拿環境中的實物做文章（姊妹會的招收海報、僅限女性的活動邀請）。

我最喜歡的研究實例也正好說明為什麼這類介入不像聽起來的那麼強而有力。這項研究[15]本身相當簡單：募集一批亞洲女性進入實驗室，事先提示會反映出她們的亞裔血統或是女性身分，接著考她們數學。果不其然，當你提示她們是**亞洲人**時得分較高，而當提示她們是**女性**時得分則較低，一如她們的刻板角色暗示的結果。

問題在於，越來越多人試圖套用相同的設計複製這項研究卻功敗垂成，這是因為角色和行為本身之間的關係變得不再那麼具有優勢感。唯有當你的目標行為與願意自我表達明確身分的人產生直接、清楚的關聯，提示才真正發揮作用；況且介於本書出版與原始研究的二十年裡，我們一直針對女性在數學領域表現不佳，亞洲人卻必然擅長數學的觀點論戰不休。儘管正方可能尚未完全獲勝，但肯定已充分重劃敵方的領土範圍，導致這種關係變得薄弱，以至於提示往往起不了作用。

這一點並非認定提示普遍沒有成效，倘若角色和行為之間的關聯性很強，依舊起作用。但是如果角色與你感興趣的結果行為之間沒有密切、明確的關係，你會怎麼做？還不簡單，自己創造就是了，可以加入「調節」和「中介」這兩種我們用來彌補「提示」不足之處的介入手法。因為若身分認同和結果行為之間有密切關係，提示最有效，這樣一來，調節會修正連結的強度，中介則會創造一道先前不存在的連結。

就調節而言，讓我們拿最近衛生棉品牌好自在（Always）的廣告「＃像女孩一樣」（#LikeAGirl）做說明。廣告主軸一開始是成年女性模特兒拿到提詞，然後應要求照實演出，導演一聲令下：「像女孩一樣奔跑！」模特兒們各個盡職地做出雙手在腰間兩旁揮舞這種符合要求卻彆扭的跑姿。「像女孩一樣出拳！」「像女孩一樣扔球！」甚至也有成人男性和男孩配合演出，結果都大同小異。

接著廣告播出真正的女孩們如何回應相同提示，她們就只是跑，就像個女孩，因為她們正是女孩，這意味著她們就像平常那樣跑，如同其他和她們年齡相仿的人一樣，不分性別地跑。廣告片到最後時，一名年紀更小一點的女孩瞇起眼睛眨啊眨地盯著攝影機，身體緊張地動來動去，當導演問她：「當我說『像女孩一樣奔跑』時，對你來說代表什麼意思？」她挺直身體說：「就是跑，越快越好啊。」

我每看必哭。

現在讓我們進入調節這項主題。**女孩**的身分認同與**彆扭跑姿**行為之間存在連結，我們若想改變行為，就得削弱這項連結。調節不是一句影響身分認同有多顯著的提示，而是一項單獨介入，用以改變身分認同和行為之間的連結強度。在廣告中，這個品牌借道導演漂亮地做到這點，她讓成年女性談論她們之前的演出，以及彆扭模樣根源於青春期之間的關聯。這場對話是調節介入，於此之後，當這些女性再度受邀入鏡，像小女孩一樣奔跑時，便可以充滿自信地奔跑，因為**女孩**和**彆扭跑姿**之間的連結大幅削弱了。簡而言之，這是「調節」：執行介入以便加強或削弱角色和行為之間的關聯，進而修正行為。

且容我告訴你一個關於家母的故事，以便說明中介如何運作。家母是我認識的所有人裡面最善良的代表，但同樣也是堅強的鄉間女性，她有寬大的心胸、堅定的信念，而且不容易歇斯底里。但是當我還是小孩時，單單只用一招介入就可以讓她突然爆哭：試著教她使用電腦。無論我們換用什麼方法，每一節課都以哭泣收場，甚至只是拿著鍵盤坐下來這種暗示都足以讓她逃之夭夭。

家母除了是鄉間女性還是個專業護士，最初是醫院的護理師（registered nurse），後來是臨床護理教育工作者。幾年前她退休（隨即退而不休地開始教授護理），但是她退休前最後這份為期不到十年的工作是在護理資訊科學領域，工作內容一如其名：護理和電腦。

搞—什—麼—鬼。

在我的年少時期，電腦之於她就像是超邪惡魔鬼，光是看到就會淚如雨下，但最後這十年鎮日得和它綁在一起，她究竟如何渡過的？這實在一點道理也沒有……直到你透過身分認同這副鏡頭來看它。

在九〇年代初期的奧勒岡州農村，使用電腦完全不符合家母的身分認同。在她那個世代，科技業對女性、沒有大學學位和居住在窮鄉僻壤的族群不友善，所有那些相關的同組都置身抑制壓力那一方，這種態勢扼殺我們的行為結果，因為她界定自己是沒有能力或無法理解電腦的族群。她腦補自己，喬・華勒特（Jo Wallaert）的人生故事有一部分便是：電腦，危險勿碰。

但這不只是關於自我的故事，更是關於抑制壓力。當年我是個熱愛電腦運算的年輕人，父母很努力才攢下一筆錢買了第一台電腦，而且肯定沒有多餘預算可以再買「技客小隊」（Geek Squad，編按：電子通路百思買（Best Buy）收購的客服團隊，專門協助消費者安裝與維護產品）的服務，事實上這裡根本沒有技客小隊，就算有也不會真的遠道開車到山腳下，所以我必須拿磁碟片重新安裝 Windows 3.1 上百次。他們買了第一台電腦，但之後的每一台都是我自己組裝，客製、電源、組態、效能……我全都自己評估。

這就是問題所在，所有那些與我的青春、陽剛氣息緊密連結的強大促發壓力，對於家母來說其實根本不存在，不僅僅是因為她在抑制面上所擁有的身分認同，更是因為我所放大的促發壓力身分特徵與她無關。我犯了行為改變的嚴重錯誤：任由自己的身分認同主導，而不是把對方放在第一位。

她的工作改變了我先前做不到的事。首先是「調節」：逐漸降低抑制壓力。因為使用電腦在醫院越來越普遍，不再僅限於那些住在市中心、頂著大學學歷光環的男人，而是每個人都使用電腦了。身分認同和行為之間的關係鬆動，對家母而言，使用電腦變得比較容易了。

但其間也有「中介」，也就是在角色和行為之間放進一個中繼點，創建全新、鼓舞人心的行動步驟。在這種情況下，中介中繼點是一個簡單的價值：關懷。在所有與電腦相關的計畫中，醫院開始納入以病患為中心的照護服務，從實際病患的照片到有關健康成果改善的數據，以及電腦如何用以拯救某人的大量感人故事。這是一道明確的全新連結：電腦等同關懷。

這並不是一句「提示」，醫院並未試圖提醒家母她是專業護士、母親或是女性，因為上述這些特點早已不言自明。醫院也未曾試圖提醒她，所有這些角色都看重關懷這項價值，因為這個心態不需要調節。反之，所謂中介是電腦操作（行為）和關懷（價值）之間的連結，如此一來，她原先的角色現在便可納入這個行為，因為這些角色原已具備這項價值。

中介為調節創造機會，進而為提示創造機會，一旦連結生成，你可以強化它，之後再活化它。當你做對了，就能改變行為了。有人連結起電腦與關懷，便改變家母使用電腦的行為，因而她最終轉調資訊學領域，改變自己的生命歷程。這是一門值得付出的工作。

第十章

優化認知

時間、金錢和其他有限資源是塑造我們行為的強大壓力，但沒有哪一項可以像認知注意力那樣放諸四海皆準的。試想你的大腦是一張圓餅圖，會縮小、變大以表達你擁有的腦容量，現在，我是不知道你的餅會怎麼變化，但我自己的餅肯定變小了：我三十六歲，睡得比以前少，壓力比以前大，不運動，而且吃得比以前糟糕，外加林林總總消耗整體認知資源的一切。此外，還有全新要求一再要瓜分這塊日益縮小的餅：貝爾肯定是其中之一，但是日新月異的職場、日益衰老的身體，以及一個每天都會要你多做一點的世界也不惶多讓。

這正是你的大腦成為認知小氣鬼的原因：它仰賴偏誤、試探以及來自環境的線索，正因為接受到一項要幫你節約心智資源的動機。心智的儲備物資所承受的壓力越重大，這些傾向就越明顯。我把世界簡化為單一資源的重要性是，它顯示一個非常基本的事實：事事彼此相爭。也因此花費了二千二百億美元來打廣告：如果我們僅聚焦促發壓力，而且還是使用自己所能找到最不鋒利的工具，行為改變就會因成為一場核武軍備競賽，較勁誰最土豪、誰聲量最大，就可以在日益縮小的腦容量裡搶到最大一塊餅。

讓我們拿臉書當作產品設計的案例。多年來，這家公司的目標完全圍繞在冀望獲得不斷增加的關注量（伴隨著像是**站內訪問時間**這種恐怖的數據指標）上。儘管顯然人們使用這個網站的程度開始超過對自身的好處，但臉書一而再、再而三地發布新功能，試圖索討更多關注，加速促成全球軍備競賽，為了爭奪認知資源對抗所有其他社群網站。

但是如果它逆向而馳會怎樣？在臉書的行為陳述中，動機可能就是「與他人保持聯繫」。如果我們接受關注力是衡量聯繫的指標，它的策略就是不斷努力消耗我們的關注力，以保持更多聯繫。但是臉書同樣也可以降低認知成本，讓我們的聯繫達到與以往相同的水準，那將會是更出色的產品嗎？

答案取決於你想從臉書得到什麼，這一點將真正直指研究核心。儘管我超愛抑制壓力，但目標不僅是把所有行為的認知支出降至零；反之，我們想要的世界是可以將大部分心智資源用在自身最關切事物的所在，但對於自身不關心的事情則能免則免。對我們這顆秉持金髮姑娘原則（Goldilocks；編按：英國童話主角，在無意中嘗試三種體驗，發現「恰到好處」最舒服）的大腦來說，這是一種優化認知：只有充足的認知才能讓我們快樂，而不是因為錯誤理由導致疲憊不堪地結束我們的每一天。

再拿受到抑制壓力追捧的優步來說，如果從A點到B點不是你想耗費有限認知資源的對象，那麼優步就算是一項很好的產品，因為它著重於排除抑制壓力，使認知負荷變得超輕鬆，不僅是在使用方面，它還消除之前因規劃和擔憂所帶來的負擔。一旦你拋開這些認知負荷，就很難記住它們，但要是你最後落腳在一個沒有優步的城市，你離開機場那一刻就會意外地感到恐慌：該怎麼找到旅館？它到底在哪裡？

然而每年賣出的汽車仍有數百萬輛，道理何在？因為就是有些人真心愛車，而且願意付出認知成本駕車。我個人特別偏好一九六〇年代早期的霧面黑色林肯大陸（Lincoln Continental）車款，它配備自殺門，此舉暗示至少在某些情況下我可能是不幸的倒楣鬼之一。有些事情我們就是想要耗上自己的認知資源，這就是行為科學家扮演的角色，即創造一個有許多產品和服務的世界，允許人們在任何特定行為上，隨心所欲地消耗大量或少量的認知資源。

我們若想做到這點，需要挑選如何、在何處引導人口群體的注意力，這一步可以從精闢的深刻見解做起。在量方面，由於我們無法入侵他人想法（但我確信許多技術官僚都在著手改善這個面向），因此可以看看他們實際上將時間、金錢和其他有限資源分配在哪些領域，而當資源受限時，哪些行為最快喊停。在質方面，我們可以開始針對他們的認知提問，他們在什麼情況中會妥協，以及他們希望花更多時間在哪些領域。不過，我們或多或少得不斷質疑他們的答案：正如維吉尼亞大學（University of Virginia）社會心理學教授提姆．威爾森（Tim Wilson）套用德國哲學家尼采（Friedrich Nietzsche）的說法，我們對自己很陌生，因為我們的非意識心智完成大量工作，而我們有意識心智則讓知覺從無數的偏誤認知中灑落。

當我們圍繞認知支出這個概念來思索深刻見解時，明確具體很重要。「想要耗費心力購買衣服」和「想要挑選服裝或穿上它們用以炫耀」之間存有差異，想想美國最大食材電商藍圍裙（Blue Apron）崛起和失敗之路就知道，它向投資金主推銷這項想法：讓那些不想花費心力煮飯的消費者輕鬆烹飪。但實際上這項企圖卻使得烹飪變得很困難、費心費力，因為閱讀藍圍裙食譜就像看著美食真人實境秀《廚藝大戰》（*Chopped*）一樣，使用我從未聽聞的烹飪技術。藍圍裙讓選擇食材和食譜變得簡單，這是在追求崇高境界，但它的目標對象是一個人數超少的群體，他們只想花費心智資源來琢磨實際廚藝。這個圈子不完全是一門十億美元的生意，或至少不是它可以用來說服全世界的市場。

更糟的是它沒搞清楚，以為選擇食材和食譜事實上並不是烹飪這碼事充滿樂趣的部分。但其實不是活動本身令人愉快（雖然我個人倒是喜歡挑選食物勝過烹飪，而且要是根據全世界生鮮市場的數量來判斷，應該還有很多人和我一樣），而是因為認知支出才是樂趣的一部分。在心理學這個領域中，我們會開這樣的玩笑，我們之所以跑步的原因是最終可以決定不跑，意思是，可以喊停才是這件事讓人感到愉快之處。我們的大腦認為，必須消耗資源在真正重要的目標上，因為它們消耗我們那麼多注意力。因此當你恣意刪除認知支出時，實際上也許會減少後續行為的樂趣，進而減少人們做到這一點的可能性。

就各種人們想和不想消耗認知資源的確切事物來說，「具體性」多少會讓我們避免面臨藍圍裙的困境。我們也可以研究，偏好某種特點（這也為潛在的介入提供線索）會需要動用較多或較少認知處理，例如自動化和精挑細選。因為我不熱中購買或挑選服裝的實際過程，所以我的行為主要取決於希望盡量減少抑制壓力，只要基本的促發壓力夠強大就好，因此自動化對我來說是重要特點。實際上我的每個工作日都穿同一套服裝：正常胸圍四十吋的約翰瓦維托斯（John Varvatos）西裝外套和牛仔褲、諾斯壯（Nordstrom）修身襯衫、艾瑞特（Ariat）西部牛仔靴。我還在拍賣網站電子灣（eBay）製作一張清單，當價格落在某個金額以下便自動為我的衣櫃添購服裝，把我的認知支出下修到幾近於零。

這樣我就可以花更多的心智資源在電腦上。除了人生第一台桌機，其他每一台都是我自己組裝，我喜歡花時間思考每一項零件、閱讀評論，再以最優惠的價格買進。我永遠不會自動化生活裡的這個部分，反倒會花時間精挑細選：深入、周到的內容和功能，讓我花時間思考更多我喜愛的事。想像某個可以讓你估算一台機器整體運算能力的虛擬配置器，或者是知名系統組裝專家的訪談內容，這些都是有力的精挑細選經驗，會吸引像我這樣的人。

在遙遠另一端〔皎潔的月光下；編按：動畫電影《美國鼠譚》（*An American Tail*）的主題曲起頭前兩句。應是作者在耍幽默〕的人則與我截然相反，他們希望盡量降低心智支出在運算思考上，而且喜歡每兩年就會收到一台全新白牌電腦的訂閱服務。但他們非常關心購買、搭配和穿著衣物，所以永遠不會自動化處理衣櫥，而且會不斷用影音社群軟體Instagram查看熱門物件。我們消耗認知資源是昭告身分認同的一大部分，好比我就是宣告自己是那種會花時間尋找最適合電腦零件的人。我們都知道身分認同是多麼強大的壓力。

在認知支出上的另一個差異在於，人們做選擇時會在什麼領域投入資源。想像全世界每一樣事物都有一個祕密，我們稱之為客觀品質分數，好比A書得八分、B書七分、C書五分，滿意度就是要找出一本優質的書。你有個最低限度值，就說是七分好了，在這個分數之上的任何物件都一視同仁。倘若你先找到C書，由於它不符合最低限度值，所以你會接著繼續找，直到找到A書或B書。反之，要是你最先找到A書或B書，會就此買下來，然後就轉做其他事情。就認知而言這種情況算是十分有效率，但也代表你沒有拿到最優質的書。

相比之下，最大化才是找到最優質或盡可能接近最優質的做法。假設你是先找到B書或C書，就會鍥而不捨，直到找到A書，即使你一旦找到A書，也會再從D書翻到Z書，因為很有可能在某個地方可以找到接近滿分的目標。雖說最大化需要龐大的認知投資，但更有可能得到最優質的結果。

在一個完美的世界中，我們的大腦會讓我們對不甚關心的事感到滿意，並最大化自身關心的事。不幸的是，並不事事如此，相對來說，我們難以強迫自己採取不是自然生成的策略，但是就像自動化和精挑細選一樣，我們可以打造鎖定這些認知模式的介入。好比說，如果我們對購買行為感興趣，就只要提供一些明顯有差異化的產品限縮選擇組合，就可能對求取最大化的個人行為產生不成比例的影響，因為這就表示，找出最優質的產品相對容易。

一旦你了解目標群體的認知偏好，可能需要將他們分成兩半或更多組別，因為你要深入了解人們願意耗費精力在哪些不同的領域，不過這就是獨特性和歷程對我們有益的地方。介入設計歷程的其中一項價值在於，它把我們的產品和服務分解成較小的介入，而這些較小的介入可以依照人口群體加以個別應用。自動化和精挑細選之間的區別實際上只是兩套系統相互作用的接點：人們願意花多少認知資源選擇產品？其他一切變成全自動化或是精挑細選的系統也一樣。

試想一下，明天我們將接管藍圍裙，我們知道它目前設定的用戶是那些想要投注心力在廚藝上，而不是食譜或食材上的人；我們也知道，有更大的人口群體希望把資源單單花在吃這件事上。我們是否應該為了追求更大的新人口群體而放棄目前的群體？

也許可行，但這是錯誤的二分法。我們可以乾脆就以簡易烹飪的食譜另創品牌綠鍋鏟，相同的食材、相同的成果，只是不那麼美味的版本，而且不需要真空封口機。

經營藍圍裙的困難之處有九九%來自於，考量到能減少花在食材和食譜上的認知支出的那些介入和系統：批量採購，降為較小分量、組合成套，而且食材包要適時在腐敗前送達。正如公司內部每個人都會告訴你的說法，要做到這點不容易；對那些想要比較簡易選項的人來說，相比之下，開發第二種食材包是輕而易舉的事。在相同基礎設施上建構相對小規模介入，以便大幅擴張市場的企業多的離譜，但是唯有當我們具體知道，目標人口群體希望在哪些地方投注資源，並根據這些深刻見解發展介入時才能放手去做。

除了目標人口群體的認知偏好和習慣之外，你還應該考慮自己期望的行為發生在哪一種認知環境裡，因為它可以改變壓力，進而改變介入。置身擁擠的酒吧中與安靜的辦公室裡所做出的選擇會大不相同。你的人口群體有可能是疲憊倦怠或精力充沛？酒醉還是清醒？餓壞了還是吃太飽？所有這些狀況都可能影響他們可能還有多少可用的認知資源，以及如何行為處事。

請往前翻閱我在本書一開頭的致謝裡所提到的麥唐納教授的論文[16]：酒精會削弱認知，導致人們關注環境中突出（實際上只是指「顯而易見」）的線索。普遍法則是，可用的認知資源越稀少，你的大腦就越依賴環境中的偏誤、直觀推斷和突出的線索。這為行為改變開啟新機會。

細想一下預設值。因為你的大腦很忙，所以即使是我們一向認定為重要的決定，它也通常會接受既定的預設值，典型的例子是器官捐贈。在德國，預設值是設定為不會在死亡時捐贈器官，因此只有一二%的人選擇捐贈器官；但是鄰國奧地利卻將捐贈器官定為預設值，因此捐贈器官的比率高達九九・九八%。[17]但是如果你施加壓力會怎樣？認知環境越是超過負荷，人們就越有可能採用預設值，因此一項介入若非利用自然繁忙的環境，就是打造一個環境當作介入的一部分，並採用強烈的預設值採取進一步行動，便有可能會產生顯著行為改變。這麼做同樣可以提高認知負荷，並套用在強而有力、突出的線索上。

提供思考一套更合乎邏輯方法所需花費的時間，以便降低某個環境中的認知負荷，同樣也可以改變行為。在美國，我們直覺動念就知道一時激動的情況下（也就是當你的大腦超載時）犯下謀殺案，比起蓄意謀殺（也就是照理說當你有更多認知資源可以考慮其他選擇的時候）的懲罰相對不嚴厲。當深思熟慮的選擇往往會帶來期望的行為時，減少認知負擔可以有力擴充現有的介入。

有時候，介入本身就會觸發認知支出，好比說，你的大腦本能會注意新來的刺激，因而忽略重複刺激，這是節約資源的方法。操縱行為線索的新鮮感可以明顯改變我們自身的應對方式，而且還是另一種額外加強介入的方法。

我們正要冒險進入一個本章即將開始變成《認知大全》的領域，所以我要在此趕緊停下來，最後要說的是：具體明確指出你的人口群體想或不想耗費資源的領域，細想他們的認知習慣和你的介入所處的認知環境，並明智地消耗腦力。就這樣！

第十一章

獨特性與歸屬感

人類真是大麻煩，我們受到構造複雜的大腦詛咒，是所有物種裡的金髮姑娘，不停試著要平衡大量相競的內部需求（這些需求遠遠超出為簡單的生存之用）。沒有一套相競需求比同時想要顯眼和融入環境更具根本性的矛盾。

如果我們沒有自我感覺特別、獨特，就會沮喪；與此同時，如果我們沒有歸屬感，成為群體的一分子，也會沮喪，基於我希望看起來很明顯的原因，我將之稱為「暴風雪裡的雪花」問題，同時試圖解決這個問題，因為它消耗讓人瞠目結舌的大量認知注意力，而且還決定無數的行為後果。由於世界對我們的歸屬感和獨特性都充滿威脅，我們不斷在這兩種需求之間來回擺盪，當下投入資源在那些大呼小叫以便引起注意的需求以求平衡。這道持續注意力讓這兩種需求成為介入的沃土，而學習使用獨特性和歸屬感是設計行為改變的關鍵部分，舉例來說，進行現代化的登錄流程。

當你登錄網頁，右上角通常會出現什麼？你的名字。**麥特，你好！**就獨特性而言，這是個很好的觸媒，因為名字是我們行走全世界傳達個性的主要部分。通常你也會有一張檔案照片，儘管是登在一個與照片完全無關的網站上，除了你能認出自己外別無用處。當然，沒有人會說他們登錄網站只是為了看自己的名字和照片，這聽起來很荒謬，然而添上姓名和照片真的有助增加登錄次數，進而產生極其重要的行為結果。介入不用是理性或是我們承認的事；它們只要能起作用就好。

為免我們忘記自己需要歸屬感，網頁的左下角會看到什麼？多虧臉書連結（Facebook Connect），我們可以使用網路追蹤器，它會告訴你有一萬五千人喜歡這本書，其中包括五百位你的朋友，看看你們這個部落是多麼緊密地相互連結！兩者之間的同質性（homophily）（homo等於相同，phily等於喜歡；相似事物傾向群聚一起）很強。就像名字和照片一樣，沒有人會說他們登錄網站是要看有多少朋友按讚，但是從臉書到音樂串流平台潘多拉（Pandora）及其他領域的網站，顯示有多少人喜歡某項事物（無論是一般還是僅限網內），這都是標準功能。

讓某人自我感覺特殊可以像自訂功能一樣簡單，提升歸屬感則可以像分享自訂一樣簡單（並確保它受到關注；沒有什麼別的事會像分享某項事物卻沒有得到任何回饋更讓你覺得毫無歸屬感）。介入不一定要深奧才有效，看看可口可樂（Coke）和印在鋁罐上的商標名，它就帶有容易擴大延用，卻又能表彰獨特性的特色。幾乎所有介入都有機會加入這兩股壓力，它值得你不斷自問如何才能妥適整合兩者。

即使我們在個別情況下會力求平衡，但一般來說，人們會真如所料站在全球性角度，對某一種面向更加關心，而且你還可以用很有效的一招，就是自問「某個人在各方需求失衡的情況下，會對你提出的介入有何反應」。我最喜歡的研究方向之一是美國社會心理學家暨史丹佛大學（Stanford University）教授海瑟・馬庫斯（Hazel Markus）與她的合作夥伴的系列研究，他們探討在跨文化背景下，如何看待獨特性和歸屬感。馬庫斯已經證明，西方文化往往強調獨特性，傾向於認為自己比東方各國做出更多決策；後者則傾向關注歸屬感。畢竟有什麼事會比個人化、力求表現的選擇更獨特？舉例來說，試想一下，在你面前擺滿不同色紙列印的同一份調查問卷，若你拿起一張開始填，你算是在做選擇嗎？西方人說是的，因為他們選擇一種顏色；東方人則說不是的，調查內容都一樣。[18]

文化差異不一定像地球的東、西兩半一樣極端，即使在美國人中，社經地位較高的人往往比社經地位較低的族群更傾向追求獨特性，為什麼？因為當你擁有高社經地位，就等於擁有其他人欠缺的東西，往往對歸屬感會感到安心無虞，所以轉而投入資源試圖將自己與其他高社經地位的人區隔開來。對社經地位低的人來說是同樣道理：你已經夠顯眼了，所以會尋找一個可以融入的團體。

馬庫斯已經成功證明，這種心態會在一系列異常驚人的實驗中引發各種有趣行為。[19]但時至今日，我最喜歡的研究是關於汽車所有權，這也許是因為我來自低社經背景（某州鄉下地方的第一代大學生）之故，但這道例子卻如影隨形地跟著我，所以讓我們一起找點樂子玩一下。試想，如果我給你一百萬美元的預算讓你買任何你想要的東西，你會買什麼車，它會是什麼顏色？什麼材料、型號？以本書來說，就用一九六〇年代配有自殺門的霧面黑色林肯大陸為例好了，當然，你可以隨機選擇與我個人偏好無關的車款。

現在你駕車回家而且停在車道上，當然不會駛進車庫，因為你想向世界展現你有多特別。更何況，既然你最要好的死黨就住在隔壁，理當得過去坐下來和他們聊一聊，特別感受一下這台新車所帶來的狂喜。你走進去，一整個自我感覺超極良好，稍晚更是像個嬰兒般酣然入睡。

啊，第二天早上你起床，伸伸懶腰，穿上你的睡袍下樓去拿報紙，然後也許往窗外偷睨一眼，看看黑色林肯車身上那片鉻合金。你就像個小屁孩一樣繼續自我感覺滿意，然後雙眼不經意地瞄向死黨的房子，卻只看到一輛一九六〇年代配有自殺門的霧面黑色林肯大陸。

當下你有何感受？

你知道嗎？結論是，一切都取決於你的社經地位。高社經地位的人會怒不可遏，拿著鑰匙去刮花那個混蛋的車，並發動一場堪與麥考伊家族（McCoys；編按：美國有名的兩大世仇家族之一）相提並論的世代戰爭；反之，低社經地位的人則會開辦汽車俱樂部，因為對方可是你的死黨呢，你想要歸屬感，也許你們還可以呼朋引伴，大家一起買下一九六〇年代配有自殺門的霧面黑色林肯大陸。每逢週五夜晚，你們全體將和自殺門汽車俱樂部一起進城，開著一九六〇年代的霧面黑色林肯大陸遊車河。

談到人口統計結果時，請勿過度概括，社經地位也不例外，這一點很重要。顯然，並不是每個人都能以完全符合自身社經地位的方式去回應，況且還有很多人在生命歷程中改變自身的社經地位。但是如果我們努力在人口層面上改變行為，就不需要完美的介入，只要結果是我們期望的行為，那就值得去做。因此通常值得你花一些時間思考，行為發生作用時，目前的人口群體是否更有可能注意到他們的獨特性或歸屬感。

這些效應有可能非常強大，看看美國總統川普（Trump）造勢大會的照片就知道。你有注意到每個人的穿著打扮、開口說話都如出一轍嗎？你該做的就是買一頂「讓美國再次偉大」（Make America Great Again）的鴨舌帽，然後跟著適時嘲諷。川普的競選活動就是確實找出一個需要歸屬感的人口族群，然後盡其所能發揮人性作用全力搔這個癢處。

再來看看美國前總統候選人希拉蕊．柯林頓（Hillary Clinton）的造勢大會，真是一場具有獨特性的慶典，刻意、自豪地打造成一處讓許多不同類型的民眾都可以去的場合。但是這場活動是否做到讓那道獨特性變得令人感到舒適自在？假設它對還沒有被滿足的身分需求，以及人口群體的最強促發壓力產生正確的深刻見解，那麼競選活動就需要減少抑制壓力，以便實現這股需求。試想你用圖解方式歌頌支持者的多元性，並使用小工具讓你對此說出經驗談，甚至是用可以在社群媒體上烙下這種獨特性的手持小道具完成一行簡單的完整句子：「我支持希拉蕊參選總統，因為……。」如果說川普輕而易舉就辦到輕鬆炫耀歸屬感，那麼希拉蕊需要的工夫是讓賣弄獨特性變得輕鬆自在。

有人已經看到，因為未能將壓力轉化為介入，結果產出美國有史以來最糟糕的四年任期總統嗎？也許。本書將在下一屆總統大選開跑前出版，現在是開始畫箭頭的時候。可以肯定的是，就像一支行為科學家團隊曾經將美國前總統歐巴馬送入白宮，投票（和談論投票）是可以設計的行為。

政治聊夠了。我們不必只與現有人口群體一起工作，而獨特性和歸屬感也不必只是普遍的壓力。我們實際上不僅可以根據人們關注的需求，也可根據他們對某一項主題反應的效價來改進我們的人口群體、動機和伴隨而來的結果行為。

我身為社會心理學家，常將一切轉化成一個二乘二矩陣，由此產生四個子集，而獨特性／歸屬感問題也不例外。讓我們將這四個子集稱為**穩定**（stable）和**不穩定**（unstable）、**喜歡**（liker）和**厭惡**（disliker）。它們依不同程度存在，但為方便起見，我將把它們視為獨立類別討論。由於我已經連續好幾章都沒有拿自己開玩笑，所以現在讓我拿自己開刀。當我的編輯寄本書的錄用通知給我時，我回給她一台黑膠唱盤、喇叭和一套凱許的黑膠唱片。直接說好也許是比較簡單，但如果我們彼此同意合作一樁對我來說極為重要的大事，我想確保她或多或少知道，是什麼元素造就現在的我，因為「讓雷聲隆隆和電光閃過，以鄉村廢物來說，我還算可以」〔編按：這是凱許作品〈鄉村廢物〉（Country Trash）裡的歌詞〕。

我偏愛凱許是我這個人玻璃心的一部分，而且它獨特、特殊。就此而言，我是**忠誠鐵粉**（stable liker），相較之下，我熱愛凱許的程度，既不受別人對他的看法左右，也不受他在共同文化中的知名度影響。當他的傳記電影《為你鐘情》（*Walk the Line*）獲奧斯卡提名時，我沒有更喜愛他；他為連鎖平價墨西哥餐廳塔可鐘（Taco Bell）拍廣告時，我也沒有比較不喜愛他〔如果你想知道為什麼這支廣告也許會讓我不喜歡他，請上YouTube找答案，主要是歌詞：「你只有一個小凱子（Cash亦指現金），還有哪裡可以給你這麼多選擇？」實在是有點……太銅臭」〕。

當然也有**忠誠酸民**（stable disliker）。他們錯很大，但活生生存在，也就是說，他們曾經深入接觸凱許的音樂，最終決定討厭它。也許他們是正統主義者，因此覺得他根本就只是模仿美國藍調歌手桑．豪斯（Son House）和鄉村藍調傳奇羅伯．強生（Robert Johnson）等人；也或許他們只是不喜歡民謠。但無論是什麼原因，喜歡凱許就是與他們的身分認同不符，所以他們根本永遠不會喜歡他。這是他們玻璃心的一部分，是自我身分認同的核心，而且也不會因為輿論改變，就如同我對凱許的熱愛。

接著還有凱許那些**變來變去的粉絲**（unstable likers）。在電影《為你鐘情》問世前，凱許還不屬於他們身分認同的一部分，但之後，突然間他們全跑去買美國版唱片，紛紛宣稱自己是粉絲。他們就像之前對待靈魂樂雷．查爾斯（Ray Charles）、法國傳奇歌后伊迪絲．琵雅芙（Edith Piaf）一樣，會隨著高成本傳記電影來來去去。變來變去的粉絲會順著一股風氣，試圖成為其他人正密切關注的某樁事件的一部分，因為它正是這群人需要確定身分認同的一部分。這種作為有時可能會秒惹怒一些忠誠鐵粉，因為他們覺得自己才是真正的粉絲，但說真的這種現象不過是一體的兩面，我們所有人在其他不同領域也會有這種行為。尋求歸屬感很重要。

當然還有**變來變去的酸民**（unstable dislikers，我們也可以稱他們是文青）。他們不關心凱許，他們不在乎凱許，他們不認同凱許……然後突然碰的一聲！《為你鐘情》居然大賣座。**根本就是好萊塢重度粉飾的虛假版本！竟然觀眾踴躍、場場客滿！凱許真是大爛咖**。要不是因為他早就入土為安，不然怎麼可能叫好又叫座。不過這些都已經不重要，因為他們就和變來變去的粉絲一樣，只是出於歸屬感、團體和同仇敵愾才這麼做，直到找出下一個更值得他們討厭的對象就會把他拋在腦後。雖然他們輕而易舉就能開口詆毀他人，但實際上變來變去的酸民們推動許多重要的創意：要不是因為討厭龐克樂，哪來的車庫舞曲？要不是因為討厭搖滾樂，哪來的龐克樂？要不是因為討厭福音音樂，哪來的搖滾樂？簡而言之，這就是身分認同；任何可以將福音音樂很快就轉變成車庫舞曲的元素都值得關注。

明白我們全部都是依據不同主題隸屬個別的小團體，這一點很重要。我們投資各種表彰身分的信號，因為這樣比較容易平衡兩種需求。結合穩定／不穩定與喜歡／厭惡的多元性確保我們能靈活適應環境和本身不斷變化的身分認同，同時也可以在日新月異的世界裡獲取身分認同定錨帶來的持久性好處，好比說，我是凱許的忠誠鐵粉，只要是我想彰顯個人的獨特性時，在任何情況下都可以回到他的音樂裡。但是對我欣賞的大多數作家來說，我是變來變去的粉絲，好比我最近迷上小說家理查．卡德利（Richard Kadrey）的作品（我希望他讚賞本書中所有的粗話），但老實說，考慮到我嗜讀小說的速度以及傾向視而不見作者的習慣，可能一年後就根本不記得他的名字。

這樣一來，我們如何為自己感興趣的行為（或者是改成反省自身的偏好。沒關係啦，我保證你不是自戀狂）找到穩定／不穩定的喜歡者／厭惡者？說到底，如果我們要開始測繪與身分認同相關的壓力，並針對它們打造介入，就得瞄準真正屬於那個人口群體的對象。所幸，我們多數人都可以憑直覺想像出這種辨別方法，就只是因為我之前提出的論點：我們傾向花費太多時間、精力和金錢自我表達身分認同。

我將會略提喜歡與厭惡，因為這種情緒通常相當明顯，要是不明顯的話，人們就能開心地自我認同了。穩定與不穩定比較難區別，正是一個與不穩定有關的汙名所致。有關於身分認同強制性的主要訊息是，真實性至為關鍵，外加永久性是唯一可接受的真實性，但這套說法簡直是鬼話連篇。想想你的初戀就知道：你真心真意地喜歡他們，但同時也知道這場感情不會持久，然而壓力會說確實可以持久（都是「我會永遠愛你！」這句話）。如果你問問別人，他們大概落在穩定／不穩定這道光譜中的哪一處，大家通常會擠在穩定那一端。

僅建議一項簡單訣竅：只要詢問與主題相關的偏好即可。你會明顯看出我是凱許的忠誠鐵粉，因為要是有人問我最鍾愛的歌曲是哪一首時，我會回答這是一道艱難的選擇。〈傷痛〉（Hurt）這首強力陳述成癮的作品最初是由九寸釘樂團

（Nine Inch Nails）主唱崔特．雷澤諾（Trent Reznor）演唱，美國唱片界重新錄製的版本中，你可以聽得出來，凱許即使是在翻唱別人作品，字字句句都透出生命中赤裸裸的痛苦。這是一個一次又一次和頹廢、失落交戰的魯蛇，每一場對戰都持續許多年。如果你點閱MV，會看到一幕凱許此生最愛的妻子瓊恩（June）低頭俯視他，這段影像十分悲傷，因為你看得出來，她不僅看見凱許的脆弱，也看到自己的脆弱。如果說凱許正在對戰，那麼瓊恩就是他的劍與盾。在音樂錄影帶拍攝的當下，她知道自己會死在他眼前，她似乎是想要說，在我離世後，誰來照顧這個男人？錄影帶拍完不到三個月她就撒手人寰。

也有可能我最愛的歌是〈我們後會有期〉（We'll Meet Again），這是凱許錄製的最後一張唱片裡的最後一首歌，他先起頭，但最後整個家族都加入。你可以在字句中聽到他們在向走到生命盡頭的父母告別。我只要多花幾秒想像錄音當時的景況，眼眶就會湧出淚水，然後就腦補成我的牛仔祖父母，就在祖父過世前，他們正用老而彌堅的顫音唱出相同的二重唱。

你有從我剛剛說的心聲中感受到情緒嗎？你有去找出歌詞看完全文嗎？穩定性的表現形式之一是深度參與，通常和個人與行為連結有關。穩定的喜歡與厭惡都一樣，我是一個堅定不移的薄皮披薩忠誠酸民，我最好是能解釋其中的道理和具體出處啦（說明在先，我喜歡厚餅皮、燒烤雞肉和大量洋蔥）。我經常使用的兩道快速測試法是TED測試（也就是這個人能否提供關於這道主題的自發式TED演說）和啤酒測試（也就是這個人是否願意一起去喝杯啤酒聊聊這道主題）。

但是人們談論變來變去的偏好時，聽起來就是不一樣，他們在自圓其說的過程中聲音往往會很快就逐漸越來越小聲，終至慢慢消失。這是因為他們之所以最喜歡其實只是所屬團體最喜歡，所以他們的故事只是為了快點和團體產生連結（我發誓我是你們這群人之一），他們不太可能將這道主題與自己十分個人化的事物連結。我喜歡卡德利這名作家是因為他喜歡爆粗口，而且反映現代男子氣概的複雜性和毒舌，同時還混搭一場惡魔、笑話和地獄之旅。但我最多也只能說到這裡，我或許是可以捏造一場有關卡德利的TED演說，但是會笑破任何忠誠鐵粉的肚皮。

另一道簡單的訣竅是看自我信號顯示及社群信號顯示。如果身分認同是要你完成「我是……的那種人」的造句，那麼自我／社群信號就是指這個句子最終是要造給誰看。幾乎所有的行為都以這兩者為目標，但通常會嚴重傾向某一方。拿耳機聽凱許的人比較可能像是忠誠鐵粉，但是對著整間辦公室播放的行為則像是社交行為，因此比較像是會變來變去的粉絲。

我們身為人類本來就帶有許多偏見，因此還有另一項偏見是，我們往往認為身分關乎社交，因此到處對外放送你與特定團體的關係。但是如果你思考身分認同的相關行為，其實絕大多數都是發生在沒有其他人可以看到的空間裡。這樣一來，如果不是我們自己，做這些事情是為了誰？如果你想找出一個人穩定、特殊而獨特的那個部分，不妨細想他們獨處時都在做些什麼事。再者，另一項原因是量化和質化驗證之間的三角驗證十分重要；質化研究人員善於區分公開和私人行為，量化研究人員則可使用自由潛入別人看不到我們在做些什麼事的時刻而得來的數據。

你也可以在公共領域（public sphere）看到差異。具有穩定偏好的人會跟你說話；但具有不穩定偏好的人則會談論你（我私下跟你說，這道提示可以為你省下多年來的治療費用）。請記住，在每一種情況下都需要滿足身分認同需求：穩定比較關乎你自己，不穩定則關乎團體。那麼穩定者在跟誰說話呢？當然是他們自己（請自行播放搞笑音效），又或者更可能是與吸引他們注意的藝術家、品牌等直接對談。

相比之下，不穩定的人都會互相交談，因此雖然他們可能會使用用戶名（@username），但確切來說通常不是頭號重要的事情，因為他們實則希望每個人都能看到他們有多喜歡或厭惡那個主題。他們需要讓訊息出現在粉絲回覆中，不然還能怎樣獲得回應？他們正積極為興趣吸收新成員，因此需要話筒和一些團體從屬關係的信號。我無法精確統計出上個月前後我對多少人談起卡德利，但我完全沒提到凱許（除了我的編輯之外，儘管我決意要煩到她的耳朵長繭，她還是不相信）。

還有很多其他方法可以確認某人的偏好穩定度如何，而且它們都高度依賴你工作的行為領域。然而，即使是只有這幾項方法，實際上也可以指導我們如何使用獨特性／歸屬感的二分法改變行為。

四大元素組合中，每一個都可以想成是不同的人口群體，你可以依不同的結果行為建立不同的行為陳述。一般來說，我們不希望每項組合都有相同的行為（但即使我們這樣做也不太可能辦到），所以藉著開始進行區隔，我們可以順應他們的行為跟風而不是逆向操作。對於每一組人口群體，你可以自問：「我想從他們那裡得到什麼？」和「他們想從我這邊得到什麼？」並使用這兩個問題在前方引領你的歷程。

讓我們拿微軟和忠誠鐵粉來說好了，微軟想從忠誠鐵粉身上獲得什麼？願意購買並持續購買它的產品。但是這種期待放諸人人皆準，那麼忠誠鐵粉具備什麼其他人沒有的特點？那就是深刻了解微軟經驗，以及提供與之相符的意見。如果你正試圖打造長期行為改變，沒有人能像忠誠鐵粉一樣可以幫你找到全新的深刻見解，測繪出你甚至連想都沒想到的壓力，而且試驗你的介入。

這就是微軟擬定測試人員計畫（Insiders program）的原因。微軟在這項計畫裡頭，舉例來說，讓它們的忠誠鐵粉扮演品牌角色，直接與微軟合作，忠誠鐵粉獲得操作系統的預覽版本、回報漏洞，並直接與微軟工程團隊溝通。超過一千六百萬人參與其中，他們每天產生幾百萬個十億位元組（就想成海量好了）數據，試想你若想獲得相同的涵蓋範圍，需要雇用多少同等數量的品保測試人員，這樣你就知道「使用微軟測試版本」是一種多麼彌足珍貴的結果行為，因為他們是無償工作者。

那麼，牛肉在哪裡？這整個過程就是忠誠鐵粉想要的體驗！如果你是微軟的忠誠鐵粉，直接與工程師交談，並且參與自身喜歡事物的創造過程，這正是你想要的那種貼近感，因為它可以運用你的知識並與產品深度互動。變來變去的粉絲只會想要和凱許一起自拍，然後讓他們可以放到社群媒體上吹噓、向全世界炫耀並呼朋引伴希望他人加入。要是我的話，只會想和那個男人散個步聊一聊而已。

忠誠酸民也可以用來發現深刻見解和壓力，因為他們也深刻接觸某一項主題，即使只是得出消極的結論。當我們增加行為數量時，驗證性偏誤所衍生的其中一個分支，以及我們確實趨向聚焦促發壓力的做法即是，我們會傾向和已經積極參與其中的人交談。但是就理解行為本身來說，那些（採行深思熟慮的方式）什麼事也沒做的人同樣很有價值，畢竟誰比忠誠酸民更能確認往往成為我們盲點的抑制壓力？

這種說法聽起來可能怪怪的，但是忠誠酸民其實也希望直接參與。他們是很容易被厭惡的情感所蒙蔽，但是請記住：他們主動選擇繞著這項主題形成穩定的身分認同。對於一群聰明保守派所組成的陰謀集團而言，我是忠誠酸民，但我仍然會耗費資源與他們散步，並徹底討論我們之間哪裡不同、為何不同。這麼做有助肯定我的厭惡，在某個核心層面來說，也肯定我之所以成為**我**的因素，而當你想要找出好觀點時，這正是適切的動機。

變來變去的粉絲有一種獨特行為讓我們也會想要創造介入：因為他們很努力成立自己的團體，他們可說是天生的招募者。忠誠鐵粉在這一方並不是那麼有用，因為他們毫不關心別人的想法，不過變來變去的粉絲喜歡轉薦計畫，按下推薦按鍵為了像是社群分享、趣味內容以及任何允許他們主動分享對任何事物的短暫愛好。這種行為不會深刻；這是一條岔路，因為這突顯他們不穩定的本質。但請記住，沒有人想面對這項現實，也就是說，他們的偏好雖然是稍縱即逝，但只要這個偏好支持他們的歸屬感，變來變去的粉絲就會耗盡力氣全力以赴。

我得先警告你！你必須小心變來變去的粉絲（我再次私下跟你說，讓你又可以省下多年來的治療費用），因為他們主要的驅動力來自歸屬感，所以對於主流的敏感度高於忠誠鐵粉。這代表如果他們想要參與的團體碰巧都是由一群酸民組成，那麼他們就會擺脫你這顆燙手山芋。正如前文所述，這種不穩定實際上對我們全體社會都有好處，但是如果每個人都已經改成聽車庫舞曲時，你卻還大手筆投資龐克音樂，最終你會發現自己捧著滿手的鉚釘項鍊卻乏人問津。請加倍監控任何不穩定的介入。

但變來變去的酸民又如何？畢竟，他們不太可能相信你的主要行為陳述，但是你絕不能忽視他們，因為他們會在一旁大聲呼求，吸納一群同仇敵愾的軍隊加入厭惡你的行列。實際上，這主要是我在本書前面提到的另一套參考架構；有時我們想要消弭行為，意即加強抑制壓力和削弱促發壓力。

如果變來變去的粉絲主要的促發壓力是找到一支擁抱他們的團體，那麼讓他們沉默的最有效方法之一就是，向他們證明自身所參與的人口群體裡，其中絕大多數的人無法接受他們的行為。這就是我喜歡目標百貨（Target）社群媒體團隊的原因，我指的不是現實生活中那支團隊，雖然我確定他們也很可愛，我指的是麥克・梅加德（Mike Melgaard）二〇一五年假冒目標百貨在臉書開設的「請求協助」（AskForHelp）帳號。當時目標百貨剛剛宣布一項新政策，不再依性別劃分玩具貨架的通道，這一舉動雖然廣獲讚賞，卻也導致變來變去的酸民大表不滿，他們巴不得全世界都知道他們有多喜歡性別規範。因為誰不喜歡一幫打算找到歸屬感的憤怒保守派，以及會同意他們的人呢？這正是大好時機。

梅加德將目標百貨商標當作他的頭像上傳之後，使用假冒帳號戶回應目標百貨臉書專頁上那群變來變去的粉絲，宛若他是這個品牌的客戶服務團隊。他除了不迎合對方之外還嘲笑他們，有效汰除可能圍繞親性別規範論者發展的任何群體意識。目標百貨打算撤下梅加德的諸多幽默之前他已經獲得數百個讚，變來變去的粉絲叫罵聲量一般只有個位數。

其中有一段談話相當具有代表性：布朗森．史密斯（Bronson Smith）（沒錯，整起事件的原文如此）：「所以顧客應該浪費時間尋找對的貨區，才能找到合適的衣服嗎？對於女裝部的人來說也是一樣嗎？很快目標百貨就會有無性別廁所了……真慶幸我不在目標百貨購物！」梅加德針對這句話回應了：「我們同樣很高興你不在目標百貨購物，布朗森。」

真正的客戶服務部門應該這樣做嗎？也許不該。但結果卻是無可否認：阻止他們與其他變來變去的粉絲群合體，讓大多數批評者很快就沉默下來，然後悄悄收回不去目標百貨購物的做法。對於一個變來變去的酸民來說，這是完全可以接受的行為結果。請記住，應該根據結果判斷介入好壞，對於變來變去的酸民來說，沉默就是一種像樣的結果，然後還有另一個不錯的優點是，可以從贊同政策的變來變去的粉絲身上贏得尊重。這就是為什麼你在行為陳述中具體說明人口群體可以十分有效用：不是每個人都會有相同的行為結果。而且你永遠不知道，當強大的公眾輿論形成時，你可能正引爆一些變來變去的粉絲心中不滿。如果你仔細觀察關於婚姻平權公眾輿論，會發現到當一旦明白它將變成現實時輿論就會迅速變化。沒有人想要淪為敗方（除非他們特意要成為敗方。這是一道全然不同的時事問題）。

讓我留兩招給你，它們可以幫助你容易實現團隊中的獨特性和歸屬感。首先，你可以把量化和質化研究人員集中在上述四種身分認同上，這樣做有助於避開盲點。就像相競壓力箭頭可以幫助我們建構工作，並找到其他本來可能錯過的東西一樣，你可以確實畫出一個四格矩陣，並確定你的團隊在經歷潛在的深刻見解階段時把每一格都填滿。

接著，當你測繪壓力和設計介入時，可以把每一個身分認同當成鏡頭來運用，以持續推動這段歷程。小心繞開個人形象和刻板印象，鼓勵團隊成員各自扮演一個角色，並真正試著討論行為結果。他們每個人將會如何反應？你可以從這些反應中學到什麼，又會怎麼改正它？

第十二章

抑制壓力的特殊因子

在本章開始前，我不得不承認自己的偏見：我喜歡抑制壓力。我必須在第一部裡努力保持中立，一視同仁地喜愛所有孩子，並把兩道箭頭都給你，以便做出正確選擇。但允許我挑明著說：抑制大於促發。

這種結果有部分與身分認同相關。「廣告狂人」超熱愛促發壓力，但我不喜歡「廣告狂人」（如果你正好依序順序閱讀這些深入研究，就會知道「廣告狂人」是我高度相關的別組，使得促發壓力成為別組的肯定詞）。我也喜歡抑制壓力反映在道德上的坦然：因為人們仍得最先產生動機，但改變抑制壓力只會在已經想做某件事的人身上改變行為。但我壓根認為，抑制壓力通常有特別屬性，使得它們異常有效，這就是這場深入研究的焦點。

那段「通常」起頭的子句很重要。抑制壓力就跟涉及行為改變的一切事物一樣，並不是每一道都優於促發壓力，或是所有抑制壓力都具有相同的特殊屬性。要是這樣，我們就根本不需要針對這兩股壓力發想深刻見解和介入，而且本書內容也將會大幅縮減。當你看完這些特殊屬性時，請試著視它們為其他方法，讓原本未曾留心的部分重獲關注，而不是讓它們成為揚棄整個介入設計歷程的理由。

首先，快速回顧一下第一部結尾出現的特殊屬性。因為我們創造的行為陳述多半是讓人們多做而不是少做某件事，我們先天傾向於受到促發壓力吸引。這意味著，我們著重於抑制壓力的原因之一往往是如此強大，以至於它是我們最有可能忽略的一組壓力。這種無知的結果為新介入提供一片新沃土。

我指的不是為了新穎而新穎的「新」；我們對抑制壓力欠缺關注，代表在方程式的某一端可能出現唾手可得的果實，但由於世上所有介入都集中在促發壓力上，最終它只占據狹小的空間，導致效能降低，因為你必須對比較輕微的行為變化更加努力。我們來看看廣告，如果你手上正握有全世界絕無僅有的產品，廣告將會十分有效；但是當你試著要比其他所有廣告設計得更巧妙、更有趣、更獨特時，你付出的代價就會更高（超過二千二百億美元），但是對結果卻更沒把握。

使用抑制壓力的話，更容易有所區隔，還能從明顯改變行為的方式中脫穎而出。就拿優步為例，它為了比其他應用程式更漂亮，需要數百名設計師效力，還要走好運才能偶爾碰對編排方式。但由於沒有人注意到支付經驗的抑制壓力，因此小型介入就能獲得巨大回報。電子支付實際上相當容易，但由於計程車服務業並未關注這點，反倒讓優步給人製成了獨特的印象。正如我們在談到認知注意力時所了解的事實，就介入而言，易於記住可以是一項非常重要的優勢。

易於支付還有另外一個優勢：它是均質的。促發壓力存在的問題之一在於，它們往往不能同等適用於每個人：某甲因為血糖低所以吃M&M's，某乙卻是因為沮喪而吃，某丙則剛好只是喜歡好吃的甜食，但他們都會受到成本影響，他們都受到可取得性影響，他們也都受到便利性影響。抑制壓力往往普遍適用，應付它們特別有效。

這種均質性也賦予抑制壓力另一種特殊屬性：它們往往具有延續性。不僅接納M&M's以趣味為導向的具體品牌背景（在棒球場吃很好，但非常不適合浪漫晚餐），而且也會隨著時間拉長而變化。有鑑於人口群體和身分認同變化，品牌被迫得在新內容上持續投入資源，以確保促發壓力仍然切題。多年來，甚至是風味也都隨時間而改變，驅策某項產品推出新食譜應該早就是一股穩定的壓力。

抑制壓力不會很快就就變成過時的議題，只要一直有M&M's，成本就一直是抑制壓力，而且在可預見的未來仍可能繼續如此。縱使我們認定某物為昂貴物品的這道阻礙確實會隨時間拉長而改變，但相對於促發壓力形成的騷動來說，變化的速度卻像冰川移動一樣慢。

再者，抑制壓力的另一項好處是可預測性。由於促發壓力在不同人口群體和情境下具備趨向變異性，因此很難採取介入以便預測長期價值。M&M's的第四十二種口味會有多好吃？除了吃這個行為之外，你還會用什麼（單位）來做衡量？還有什麼會受到像新穎這樣的短暫壓力影響？

反之，抑制壓力出現時通常會附上單位。我們必須提防思考的陷阱，千萬別把估量差距和美元之間的關係想成線性關係（好比失去一分錢的痛苦等於失去一美元痛苦的百分之一，非真也），但就算只是方向正確的單位能賦予我們更大的控制力，並讓我們明白可用它來驅策介入。一美元可能感覺起來不完全像是一百分錢，但至少我們知道，它可能介於九十到一百一十分錢之間，而不是兩分或二百萬分錢。雖然這對試驗來說可能不太重要，但是規模更龐大的可預測性卻足以打斷一項介入。

我喜歡抑制壓力的最後一項原因是，它價值一座諾貝爾獎。普林斯頓大學心理學教授康納曼（以及他的夥伴阿莫斯．特沃斯基（Amos Tversky），他死後無法獲獎，但從所有工作成果來看，真真切切是個夥伴）發現我們稱之為展望理論（prospect theory）的一種心理建構：同等損失所造成的痛苦，比起同等收益所帶來的愉悅，更能影響人的情緒。這暗示降低抑制壓力通常會比等量添加促發壓力要來得更有效，特別是當它完全消除抑制壓力時。

讓我們試舉一美分的差距來做說明。你的衣櫥裡可能有一件以前參加某場活動獲贈的免費T恤，當時你開開心心地帶回家，但可能沒穿過。要是我曾出價一美分賣你這件T恤，你壓根就不會考慮購買，但是因為這件T恤完全沒有成本抑制壓力（因此也稱為免錢爛貨），所以你的行為完全不同。很明顯地，花一美分完全不會排擠任何預算，就和你花九十九美分而非一美元是一樣的道理，但是消除抑制壓力會引發一種行為。純粹以大小來看，促發壓力會要你搞一場大型介入，但抑制壓力會要你聚焦規模較小的介入。

總而言之，雖然抑制壓力處於困境，也就是一個以促發壓力為導向的世界，它的所有特殊屬性可能看似不多。但是，當延續性、均質性以及其餘部分都像機器人動畫《聖戰士》（*Voltron*）的主角一樣合體時，愛上一點抑制層面的事物絕對物超所值。

第十三章　相競行為

這章是真正的行為改變進階課程。當我說你不應該輕易嘗試使用相競行為時，請相信我是說真的。然而，有時你會遇到貌似難以駕馭的行為，儘管事先已有介入，但仍有一些悠久的倖存歷史，你可能就會需要利用相競行為；又或者你從事業務開發或相關職務，因此你整個工作都在考慮行為之間的相互關係。不論是何種方式，我們都需要深入聊聊。就讓我們稍微涉險。

制定介入設計歷程是為了要單獨檢視行為。這是刻意為之，因為最終如果想要完全不啟動任何介入，最快的方法之一就是，試著在構成人口群體的相互關聯行為的整體範圍下進行。相競行為是一種扭曲，它基於我們從認知注意力所理解的簡單事實而來：在某種程度上，所有事物都是彼此競爭。

你不能一邊抽菸一邊嚼口香糖，或是一邊搭乘優步一邊卻躺在沙發上看網飛（Netflix）。如果你降低瓶裝水的價格，人們就會少喝汽水（不然你以為汽水製造商幹嘛還要持有水公司的股份，而且人為操縱高價），每次我們改變一項壓力或行為時，它都會以某種微妙的方式影響其他壓力和行為。現在，我們不打算嚴肅探討蝴蝶效應（Butterfly Effect，編按：意指在一套動態系統中，初始條件的微小變化將能帶動整套系統長期且巨大的連鎖反應，是一種混沌的現象），要是真的順勢探討便是瘋狂之舉，但所有行為相互連結卻是事實，我們有時確實應該退後一步這樣想。

你必須做的基本心智後空翻很簡單，那就是，相競行為現在需要至少兩組箭頭而不是單單一組。通常在相競壓力模式中，如果我們想要一項行為多做一些，我們會增加促發壓力，同時減少抑制壓力。但還有第二條路可以走，如果我們承認其他行為或多或少與我們的行為目標競爭，那麼減少替代行為是增加結果行為的說法，某部分就根本上來說的確屬實。因此，努力消除替代行為是可行策略。

這種做法可能很危險，因為你必須小心在無意中減少整體行為模式。在初創公司裡我們經常說「水漲船高」，指的是對某一門產業有利的事可能對產業裡的每一家初創企業都有好處，因為即使你自己的市占率下降，整體市場規模卻反而增加；反之，如果試圖消除與你的行為過於相近的替代行為，你有可能會囊括更多市占率，但整體市場反而會縮小，你會進而發現，自己所拿到的市場比最初要來得小。

所幸，這是介入設計歷程可以幫上忙的地方。當我們開始考慮相競壓力時，基本上會運作一套全新介入設計歷程，集中在消除上述這種行為。但是當我們估測試驗時，並非衡量替代行為而是衡量我們真正有興趣的行為，因為我們實際上並不在乎水的銷量是否增加，只要汽水銷量下降就好。

理論上，我們可以無限重複這道歷程：一道針對結果行為的介入設計歷程，接著是無數道處理替代行為的介入設計歷程。但隨著我們距離可能出現的替代行為越來越遠，邊際效益明顯減少。如果我不寫這本書，就會用來睡覺，所以這是用以彌補時間的合理行為，不過我去玩跳傘的可能性很低，所以介入設計歷程會是一種浪費。採取正確的替代行為有點像是金髮姑娘會採取的舉動：盡量貼近可行的替代行為，對於就算減少也不會無意中打落結果行為的選項則盡量遠離。

我們不用一直努力撲滅替代行為，只為了避免陷入這道難題；反之，我們可以拉攏它。我最喜歡的例子是優步和網飛問世之前的戰爭，而我喜歡它的原因在於，沒有人知道他們自己正處於戰爭之中。沒有科技新聞網站《科技關頭》（*TechCrunch*）的文章，便沒有台上你來我往被動式攻擊的扒糞，更沒有任何戲劇效果可言，他們甚至還可能不知道自己正在搏鬥。然而，這卻是一場戰爭。

優步希望你在週五晚間做些什麼？出門（最好喝醉，這樣的話你就不能開車回家）；網飛希望你在週五晚上做些什麼？待在家。兩者是互斥行為，所以必須來一場戰鬥。這是行為陳述隱藏的美好之一：它可以幫你找到新穎的競爭對手和潛在的夥伴，只需看看誰的限制、動機和壓力與你自己的一致，誰又與你正面衝突。

優步和網飛開發其他產品解決這項問題。優步開始遞送食物（所以如果你想待在家裡也無妨），網飛則開始提供行動影音串流服務（所以如果你想出門也無妨，因為你會在優步的後座觀看網飛）。如果它們真的想要解決這道衝突，本來是可以送你搭乘優步時免費觀看網飛行動影音串流，也許透過電信商T-Mobile的零數據用量推送到你面前。這些協同捆綁措施是與競爭對手打這場介入設計歷程戰爭的潛在替代行為。

無論如何，這些都是大公司的戰術，如果你的公司很小，請聚焦為自己的行為目標運作介入設計歷程。在競爭還沒有自然冒出頭的情況下，自行創造競爭就是浪費資源，以終為始的重點就在於，聚焦我們所作所為、所為何來，少浪費、多收獲。這是一套選對時機、找對戰場的策略。

第十四章

消除與取代行為

終於走到最後這一步！我花了整本要命的書大談讓行為更可能發生的介入，因為它在語言上很好用，而且我們人生中戲劇性地存在更多我們試圖改變行為的時刻，以便讓它更常而非更少出現。但是，消除某一種行為是一項合理的目標，不僅是為了達成減少支出或改善健康結果等利社會目的，也適用於純粹的資本主義者。讓人們開始搭乘優步等於是讓他們停止買車；iPhone崛起即將鐘表卡西歐（Casio）推向末日。

在最基本的層面上，消除行為採用同一道介入設計歷程，除非你正在增加抑制壓力並減少促發壓力，而非反其道而行。而且，如同更加努力打造某一項行為，我們的壓力場測繪將具有同樣可預測的缺陷：因為當我們考慮消除某一項行為（代表懲罰！）時，我們往往聚焦抑制壓力，所以移除最初造成行為的促發壓力會有尚待挖掘的好處。

消除行為還有另一項重要的怪異特徵，而且是超怪的，這一點十分重要。因為我們把行為陳述中的動機和限制標示為明確超出介入的範圍，所以在介入設計歷程的後期階段我們常把它們拋諸腦後。當我們努力讓某一項行為更可能發生時，到達飽和點時必須繞一圈回到限制點，以便擴大市場（正如優步開始接受現金時所採行的做法）。這一點很重要，但是當我們想要減少某一項行為的可能性時，就得繞一圈回到動機。

基本問題是：如果我們消除一種行為卻不用其他選項取代，動機便得不到滿足，人們最終會找到其他事物填補這種行為差距，而通常這種替換會更糟糕。問問電影《辣妹過招》（*Mean Girls*）裡的凱蒂（Cady）就知道，當然，她阻止蕾吉娜（Regina）使壞，但由於她一開始就沒有提供任何途徑實現青少年表達身分認同的需求，即使當更脫序的行為如雨後春筍般湧出時。因此，全劇以「打破皇冠，呼喊出我們全都是暴風雪中一片片特殊的雪花」作結；她必須消除成為「卑鄙女孩」的動機。大自然不容真空。

讓我們舉不走琳賽・蘿涵（Lindsay Lohan）路線的青少年為例：抽菸。沒有任何公共衛生政策的勝利可以像降低抽菸一樣激動人心，從一九六〇年代中期的高峰，大約一半成年美國人像煙囪一樣抽菸，之後便隨著癮君子漸漸年邁、死去，每年小幅下降，到現在抽菸人口比例約為十分之一。香菸曾經無處不在，在心理上、生理上都讓人上癮，還是史上最強打的單品之一……現在它們的光環褪色，這一切大約只花了五十年。為什麼？

依照我們的偏誤解釋，我們是從採用抑制壓力開始。因為死亡幾乎是你所能想到的最佳抑制壓力，所以我們在外包裝上印出大幅的禁入警告；我們開始逐一挑選可抽菸地點，將抽菸從公開行為變為私人行動；我們課徵高額稅收（以現代化包裝的香菸來說，一半以上的菸價都上繳國稅局），輔以如何銷售香菸的嚴苛法律，包括嚴禁任何會威脅上述稅收的轉售行為。這種連環炮一般的全新抑制壓力在一定程度上發揮了作用。

但是今日我們能走到這一步，也就是抽菸率穩定下降，其個中原因在於，近來促發壓力備受抨擊。當然，最有效的打擊目標就是抽菸超屌這項認知，想想好萊塢「壞小子」男星詹姆斯·狄恩（James Dean）和經典廣告萬寶路男（Marlboro Man），這正是為什麼大多數癮君子十幾歲就開始抽菸，因為對獨特性和歸屬感的需求攀向顛峰。

這也是這場戰役的起點。要是說抽菸理當讓你變得像是美國傳奇女星瑪麗蓮夢露（Marilyn Monroe）一樣性感動人，我們就應該播放抽菸客在實際生活中的情境廣告。但是因為以後的事就等以後再說，況且我們鎖定青少年為目標，此時此地就祭出威脅。我最喜歡的一支反菸廣告沒有任何文字，我們站在一名體態婀娜多姿的女子後方，一名帥哥注意到她並開始走向她，好似想要搭訕約會。這時她轉過身來，側面剪影看來像是在抽菸，於是他立刻轉身離去。這則廣告的暗示手法非常清楚：如果你抽菸，就別想有豔遇。對青少年（以及絕大多數的其他人）

來說，豔遇是一股強大的促發壓力，要是豔遇機會大減的話，你就會少抽點菸。

香菸公司無法反擊廣告，因為我們禁止它們打廣告，電影、雜誌、電視、廣告招牌和廣播等，只要你講的出來的都包含在內。在美國，沒有什麼產品不能打廣告，唯獨香菸是例外。奪走跨國大型菸草公司發揮萬寶路男的魅力，或美化維珍妮涼菸（Virginia Slim）具有最新減重技術的能力，進而削弱促發壓力創造的行為。

或者，如果你想要更可笑的實例，可以考慮一下卡通人物。在一場終結菸商推出卡通代言人駱駝老喬（Joe Camel）的訴訟中，原告聲稱在駱駝牌（Camel）香菸重新上市四年內，賣給青少年的銷售額從六百萬美元激增至四億七千六百萬美元。大約在同一時間，《美國醫學會期刊》（*Journal of the American Medical Association*）發表一項研究發現，六歲兒童對駱駝老喬和米老鼠（Mickey Mouse）[20]一樣熟悉。殺死駱駝老喬挽救不少性命。

聚焦行為打贏一場勝仗！除了現在我們遇到另一道問題：香菸已經出局了，

但青少年這批人口群體想要看起來超屌的動機依然存在。他們尋求具有儀式性和例行性的行為，除了可以實現自身的獨特性，也要能促發歸屬感。也許是某一種你可以擁有的最偏愛的口味、取之不盡的配件，不僅可以和朋友交換，更讓你可以在心儀的男、女朋友面前留下超棒第一印象的玩意兒？我們成功狙擊香菸，但留下一個巨大開口的黑洞正待填滿，這可能就是全美最大電子菸製造商救癮（Juul）剛剛才從最大菸商奧馳亞（Altria）拿到一百三十億美元投資額的緣故。關於行為陳述的一切，除了改成抽電子菸之外，幾乎都維持不變，尤其是動機完全沒有被消除，想當然耳會有協同作用。

因此，聚焦消除行為時必須提出替代品。我們在終結抽菸方面完全只想「戒菸」，忘記在本質上需要提供一道實現動機的途徑、一場「新生活運動」，結果就是催生出電子菸這個稍加修改的替代版本。因為到頭來，動機就和我們關注的行為一樣是關鍵所在，如果我們真的想終結抽菸行為，就必須善用有助青少年繼續看起來超屌，而且還能引爆話頭的玩意兒（有一半抽菸行為是向陌生人討根煙或是借打火機的社交儀式；另一半則是先用「一塊去抽根菸？」單獨邀約對方），免得他們去找別的替代品。

我將舉一個簡單的反面實例來做總結，就能向你證明，當你做對事情將會如何。幾年前，一支致力解決非洲心臟病問題的醫生團隊來找我。有鑑於當時許多非洲人想要在平淡的飲食內容中增添滋味（動機），開始添加大量的鈉（行為），因此我們設計各種介入發動一場打擊過度調味的戰役。但是我們不單單只是出一張嘴說：「回歸平淡食物」，反而是推出一系列不含鹽的香料，可以讓食物風味鮮活起來。因為說到底，他們最關心的是真正想吃的食物，我們為他們實現動機，同時也可以消除鹽分，拿香料代替它，而且不用擔心油脂和糖分悄悄填補眼前的匱乏。

第十五章

迷你個案研究

這就是終點了。我唯一的朋友，終點到了（這是美國搖滾樂團大門（The Doors）的作品〈終點〉（The End）的歌詞，只有主唱吉姆．莫里森（Jim Morrison）才能把幼稚的聲音發得這麼順耳）。現在就剩這些迷你個案研究，它們就像是劃過這本書的閃電，只除了獎品是知識，而且遊戲節目主持人全程還咒罵連連。這是因為若說菜鳥和老鳥行為科學家之間的區別僅是經驗的話，那麼這一章就像是在線上遊戲刷經驗值（XP farming；編按：XP是experience，farming意指在遊戲過程中穩步過關斬將賺取經驗的過程）。

善良的撒瑪利亞人

有一個人從耶路撒冷（Jerusalem）下耶利哥（Jericho）去，落在強盜手中。他們剝去他的衣裳，把他打個半死，就丟下他走了。偶然有一個祭司從這條路下來，看見他，就從那邊過去了。又有一個利未人來到這地方，看見他，也照樣從那邊過去了。唯有一個撒瑪利亞人行路來到那裡，看見他，就動了慈心，上前用油和酒倒在他的傷處，包裹好了，扶他騎上自己的牲口，帶到店裡去照應他。

——路加福音十章三〇至三四節

《聖經》中比較知名的寓言之一就是善良的撒瑪利亞人（The Good Samaritan）。一名男子遭到毆打負傷，兩名路人看見他，卻沒有停下腳步伸出援手，反而繞道而行；只有第三名行者停下來幫忙。耶穌的言下之意是，第三名行者是即將要上天堂的人，因為他愛他的鄰人就像他愛自己一樣。

但是，如果是前兩名行者正好很忙，那該怎麼說？

耶穌似乎是在暗示，停下來伸出援手即為某一股內在與身分認同相關的促發壓力：第三名行者停下腳步便是基於對陌生人的關愛和憐憫。這些核心價值觀體現耶穌希望他的追隨者接近世界的方式。但已故心理學家約翰．戴利（John Darley）、堪薩斯大學（University of Kansas）前教授C．丹尼爾．巴特森（C. Daniel Batson）在一九七三年的研究中明白指出，[21]並非促發壓力決定我們是否停下來幫助求助者，抑制壓力往往才是關鍵決定因素。

戴利在研究中，招募一群神學院學生參加一場實驗，告知對方這是關於評估宗教信仰的實驗。學生們在A棟填完關於虔誠程度的問卷後，獲知得去B棟執行兩件任務其中之一：談談神學院的工作，或者針對「善良的撒瑪利亞人」寓言布道。此外，還會提醒學生他們是早到了、準時或遲到了。

這裡就是轉折處：研究人員在A棟到B棟的路上安排一名看似呼吸困難的演員，要他癱坐在地上咳嗽、呻吟。這一幕正是這場研究真實的評估標準：當學生面臨幫助病患的關鍵時刻，是什麼動機決定他會停下來幫忙或跨過這個人繼續往前走？

停下腳步的神學院學生們中，第一個可能的決定因素是他們如何看待宗教和自己的身分認同，也就是與身分認同相關的促發壓力。因此也許是那些與基督的社會使命產生共鳴的學生，或是深信事奉應該就是要提供他人援助的學生。唉，但以上皆非，儘管人們誤以為善良是某一種內在屬性（請記住我們的自利偏誤），但是幫助他人似乎不是根據研究人員衡諸某人的信仰或個性而來。至此，一股潛在的促發壓力說不通了。

第二個潛在的促發壓力是他們將要發表演說的性質。當然，那些打算談論善良的撒瑪利亞人寓言的學生，比僅僅計畫談論神學院工作的人更有可能停下來幫忙，畢竟這個比喻本身就是關於停下來幫助傷者，而且還是所有神學院學生理應要一輩子服膺的典範；你還能有什麼更好的提示？演講主題是一股強大的潛在促發壓力，它與身分認同有關，可說是某人的核心信仰，也是他們行經校園時首要關注的事。

同時也還有一些認知失調（你的心智傾向改變你的信念以適應行為）蟄伏其中，畢竟學生們理應不只是相信寓言的訓示，還會具體落實它們。我們的信念和我們的行動之間需要協調一致，這代表著當我們即將採取行動時，信念應該要格外堅定、具引導性，而且能有效達成行為改變。

但是受試者分配到的演說主題並不影響他們是否停下來助人：兩組受試者同樣可能（或不太可能）提供援助。儘管善良的撒瑪利亞人是強大的促發壓力，但光是只有這道提示似乎還不夠。

何以如此？這是因為雖然介入經過充分思考，最終仍出錯的情況屢見不鮮，所以會有一股強大的抑制壓力上場，它深具一種破壞性超強的特質，以至於戰勝一路上眾多促發壓力：及時性。學生獲知自己擁有的時間越少，就越不可能停下來出手援助。事實上，在四十名受試者中，全部只有十六人停下來提供協助；在接受暗示因此相信自己已經遲到的情況下，十名學生中只有一名停下來。

花點時間思考，試想這些未來的宗教領袖們正匆忙走下一條小巷子，趕著去發表演說，主旨是關於進入天堂的祕密就在於向陌生人展現憐憫。然而，他們就那樣大剌剌地跨過一名落難者，僅有一人停下來。他通過耶穌的考驗。

我承認，這一幕總是能讓我會心一笑，與電影《濃情巧克力》（*Chocolat*）裡的鎮長一樣，很難不在我們所表達的意圖和行動之間的對比下看到這種黑色喜劇。而且我不是嘲笑他們，而是與他們的行為相比，我更是有過之而無不及：我堪稱是現代版匆忙神學院學生，甚至比他們超過百倍有餘。

這裡浮現一道想要嚴厲評判他們的誘惑，但請回頭想想自己的行為：你是否也曾經行色匆匆，因此對一個慢吞吞的孩子口氣極差，或是不耐煩地從一群人當中擠身而過，但這些行為卻是你在比較放鬆的時刻絕對不會做的事情？遲到感知不會產生促發壓力、導致大發雷霆的憤怒，或是帶來助人善舉的利他主義，但我們當下感覺遲到多久的這股抑制壓力卻是修正行為最重要的因素之一。時間不僅僅是秒數、分鐘數和小時數，也是我們如何感知它們的感受程度。

地鐵候車乘客

人們向來討厭等待，即使手機已經讓我們很輕易就能在地鐵月台上做一些可能躺在家中沙發上同樣會做的事，但我們仍然是非常目標導向的物種，大多數人還是覺得花時間搭車是一種浪費。因此，即使美國每一套大眾運輸系統的服務品質都不差，依舊惹乘客討厭，舉例來說，紐約市的大都會運輸署（Metropolitan Transportation Authority）成功維持年度運輸量近十八億人次，但是紐約客的說法卻是，他們也只是在等從中國開來的慢船。試想，即使已運輸十八億名乘客，卻仍然被貼上「失敗」的標籤，紐約客的怒火實在比地獄裡的魔鬼更可怕。

我們可以想像，為了鼓勵人們更加善用地鐵，究竟會發動多少次介入——從讓地鐵站更乾淨（減少抑制壓力；大都會運輸署已經將高運量車站清潔頻率提高三〇%），到現場提供音樂〔提升促發壓力；一九八五年來，大都會運輸署一貫執行紐約地鐵音樂計畫（Music Under New York program）〕。但候車時間這項問題似乎就是無法解決，畢竟你就是只能讓列車跑得這麼快，若想加速運行往往是成本昂貴、曠日費時。翻新火車訊號系統（這是造成延誤的重要因素），預計十年內將耗資約四百億美元，而且實際上施工期間還會拖累地鐵行車速度，即使可能是必要之惡，但這項介入也不是非常吸引人。

這就是行為設計的趣味所在。在大多數試圖改變行為的介入行動中，知覺是現實情況，因為是我們的知覺改變行為。知覺和現實情況通常緊密連結，但並非一直如此，請記住，我們著重結果：就算一項介入是非理性行動也完全沒關係，只要能導致行為改變就好。假設我們可以讓人們以為地鐵行駛速度變快了，而且他們的候車時間縮短了，但實際上並沒有改變候車時間的話，結果會怎樣？

一項潛在介入可能只是讓人們在候車期間保持忙碌。各種研究顯示，一個人對於時間的預期判斷（也就是說，當他們神經衰弱地站在月台上時，如何判斷當下的時間）嚴重受到大腦忙碌程度所影響。[22]我們直覺上都知道這點：想像一下，在慵懶的夏日裡，時間似乎是緩緩爬行；但是在你忙翻的時候，卻是飛逝而過。

我們是否可以單單透過添加諸如電視螢幕、互動遊戲和街頭表演這類消遣，讓人們的大腦變得比較忙碌？當人們抱怨站著枯等行李時，德州休士頓機場這樣幹了，它們乾脆讓乘客們走更長的路才抵達行李輸送帶，而不是讓行李輸送帶運轉得更快。光是這樣就夠讓乘客感覺等待時間變短了。

生理負荷也具有類似效果。單槓或大型棋盤如何？我可以順便練出堅硬的六塊肌，而且時間會飛逝而過，當然它也可能讓我在開始工作前就汗流浹背。

但是在這個例子裡，真正的抑制壓力卻是模棱兩可（依照慣例，我們的大腦討厭它）。沒有什麼事會比呆站在月台上更糟糕，走到月台邊緣探頭查看車來了沒，回頭看著人群漸漸增加，你的手錶又正好停在上午九點，這個時間你理當正在發表簡報。**我該離開還是留下？**那種細微而且又以非理性方式觸動的懊悔卻知道，你前腳一踏出去，車馬上就到，然後你就會感覺自己是不是蠢到家了？沒有人想站錯邊，但所有選擇又都是錯誤的，所以他們只是癱坐當場，而且一整個煩躁得要命。

進入倒數計時。當你向人們解釋哪幾班車即將進站，以及速度有多快時，他們可以立馬做出一切決定，原本模棱兩可的事一下子變得清晰異常。這就是為什麼即使沒有加快列車行進速度，安裝倒數時鐘也會讓人覺得運輸速度加快三〇%。[23]而且不僅僅是運輸業這麼做，迪士尼（Disney）主題樂園和其他人都用立牌告訴你還要排隊多久，而且它們幾乎總是超估等待時間，以至於當你早一步排到前面時還會感到十分驚喜。[24]誰知道時間旅行能如此輕而易舉就消除抑制壓力、抹除模棱兩可，還能創造一點點歡快的促發壓力？

飛行常客

我很榮幸得到難得的機會可以與一家大型航空公司進行兩場會議，期間間隔一年左右。第一年，我發表標準的促發壓力演說，所以當我第二次與對方會面時，他們都準備好了。「我們一直採行這種做法這，而且看到成效」他們說，「但我們用這招卻撞牆了」。

結果是，問題出在要求檢查一個特定的人口群體的行李。航空公司高層已經消除合理範圍內所能想出的各種抑制壓力：取消費用、保證行李會很快就出現在行李輸送帶上，而且還創下業內超低行李遺失率。一般來說，這些做法通盤可行，唯獨一個重要特例：商務客。無論它們如何努力，都無法讓這些顧客檢查他們的包包，而且它們受夠座位上方行李艙空間仍舊是導致飛機延誤這個令人頭疼的問題。

那麼你如何讓商務客檢查他們的包包呢？你得說服他們這麼做不會有失身分。對於其他人來說，延誤不是什麼了不起的大問題，如果你正在度假，晚一點抵達沒啥大礙，因為你還是在度假，但是當你必須在某個特定時間參加某一場會議，而且你的名聲仰賴於此時（有鑑於討喜的自利偏誤，遲到一事反映出你的個人特質而非客觀環境），效率絕對就會融入你的自我認同中。「我就是那種講究高效率的人」這句台詞讓人想起喬治．克隆尼（George Clooney）在電影《型男飛行日誌》（*Up in the Air*）裡扮演的角色，穿著合宜的鞋履穿過安檢人龍。

因此你連結起「我檢查我的包包」與「我很有效率」，會得到一股討喜的強大促發壓力和隨之而來的行為改變。下次你看著航空公司廣告，或是此刻我們在機場對著你發送的微妙信號，不妨想一想。

缺席的空服員

來說說另一天的另一家航空公司。迫使它們選擇參加研討會的問題很簡單：你如何減少病假缺勤的空服員人數？結果證明，這是一個重要的商業問題，因為美國聯邦航空總署（Federal Aviation Administration）的規定會防止你任意替換其他組員。它不容許任何人工作超過一定的時數，所以整個產業都像是一支優雅的芭蕾舞者一樣排班，讓當班的空服員能夠就定位填滿機組員人數規定。即使航空公司只誤判走錯一步，也會泛起漣漪，賠上一大筆錢。

我們先檢視標準做法。這種行為真的是病假缺勤嗎？不，它其實是最後一刻缺勤通知，已經提供足夠的警告，可以調整班表。好的，那我們就來研究最後一刻缺勤通知。什麼樣的抑制壓力合適？強迫病假缺勤的人公開表態（社會性知覺是一股強大壓力），讓他們勾填迫使他們承認自己帶給其他人諸多不便的選項，而這一切就從「我」這個字開始挑戰自我認同好了。

相競行為是提早出動。怎樣才能簡化這一點？簡單化提早出勤員工填表的流程，卻複雜化最後一刻缺勤員工填表的流程；提早出勤員工病假期間可獲二〇％回饋；不公開提早出勤的相關好處。

這些手法全都站得住腳，值得試驗，但是最終是哪一項介入辦到的？隨選托兒服務。結果顯示，當我們深入明白一些深刻見解後才知道，空服員擁有強大的促發壓力想要提早出勤，實際上他們也真的想要這樣做。最後一刻缺勤大都是因為家裡孩子生病，但臨時找不到托兒服務。補貼隨選托兒服務是我們在微軟享有的一項福利，所以我對它很熟悉。我們在稍後一項簡短試驗中發現一樁原來這麼容易預測的事實：人們本來就想要做對的事情；你只需要讓它容易些。

嘮叨的產品經理

行為陳述當中，最管用的強制功能是它們在所屬歷程的早期階段就引發衝突，以避免之後的錯位。除了我喜愛良性辯論這一事實外，這是介入設計歷程刻意加載的功能：一份良好的行為陳述（特別是可以在如何評估行為方面達成共識的行為陳述），就能讓所有參與者都有明確責任歸屬，進而能夠獨立行動，並仍然划向同一道方向。

我在微軟服務期間曾有機會飛往舊金山，在企業內部社群平台哈啦（Yammer）總部談論介入設計歷程。在我們談完壓力後便著手撰寫行為陳述，並直接陷入困境。因此我會運用一種技巧，如果你做得夠久，就會發現它極為有用：假想極端狀況，並觀察它會把人們吸引至何處。基本的意見分歧是「過度參與」（好比某人使用哈啦的頻率）對上「商業價值」（他們多常創造對公司有益的事物）。所以我提出以下想像實驗：**想像兩個人。一個每天登入哈啦，與大家閒**

聊打屁，高度涉入，但從未創造絲毫商業價值；另一個每天只登入一次，也只與一個人交談，但創造巨大的商業價值。你比較喜歡哪一個？

隨著這兩派人馬拉開陣勢，會議室裡陷入一片混亂，我們無法解決分歧（至少在那次會議中）。這家公司是斥資超過十億美元收購而來，而且還要再等好幾年才能擴張，對它來說，這是一道不良警訊。那些戰鬥就是你會想要早點引發的類型，介入設計歷程便是為此而設計。

你可能會反對我所採用的措詞：難道高互動頻率和高商業價值不可能同時兼具嗎？當然可以。但是你只能打造其中一項，另一項的重要程度僅止於「由它來推動主要行為」。因此，舉例來說，如果你所關心的只是互動頻率，你可以合理地這麼說，創造互動率的方法之一是你心目中的商業價值（一股促發壓力）；但如果你更關心商業價值，你當然可以說互動率是其中一部分（同樣，這是一股促發壓力）。但是其中一項對另一項來說雖是一股促發壓力，卻不能代表它是唯一壓力。

如果我還不曾評斷你所參加的新創競賽，那就把它當成預先警告。我會一直問你正在為什麼樣的行為努力，如果你說出來的選項不只一個，我就會試圖要求你縮小範圍，等同立即否決「兩者」這個答案。如果你無法專注，何來創建。

薪資過低的女性

在美國，女性員工的薪資過低而且不容易加官進爵。九九%經濟學家同意這項事實，但你可以任意選擇相信或不信，就像是儘管九九%氣候科學家同意，地球暖化是人類行為所致，你還是可以任意選擇不相信一樣。你可以隨你高興地相信任何事，只不過你終將選錯了。

我以這套論述引導你是因為，如果你是那些自認為比九九%經濟學家更高明的人之一，你可能不會喜歡這一節；但如果你想成為一名更優秀的行為科學家，無論如何請往下讀。

我們推行女權主義走錯方向了（每位女權主義者都這麼說過）。但事實的確如此，而且還可以追溯到根本性地偏向促發壓力。現實是，女性不像男性那樣經常主動要求加薪，但我們卻只是開始層層堆疊介入，打算提升促發壓力，好比告訴她們要更有自信，或指導她們培養自信心。一如以往，這代表在抑制那一面存在從未實現的機會。

這則故事的背景有所助益，所以我說給看倌們聽聽。當年我在興盛〔個人理財網站，它是市場龍頭鑄幣（Mint）的頭號競爭對手，後來賣給了貸款樹〕時，想幫助人們了解自己管理個人財富的實際成效，因為這些人所擁有的優勢不僅是只要夠有錢可以拿高分的信用評等。所以，在我們的個人理財評分（Personal Finance Score）系統中有一些指標可用，好比儲蓄率，意指基於你收入中有多少百分比放在銀行戶頭裡，至少九十天內未曾動用。

一旦你採用這種方式檢視時，女人會把男人打得屁滾尿流，關於購物的刻板印象全是胡說八道。問題在於，一旦你剔除「隨著收入而變化」的部分，而且只看原始所得數字，女性馬上輸很大，因為她們帶回家的金額就更少了，而且全世界沒有哪一套預算方案可以幫你存到足以彌補這道薪資差距的金額。

因此在隨後的專案中，我們開始窮追猛打女性薪資過低這項問題，但我們有一項原則：不施加促發壓力。結果是促成加薪網（GetRaised.com）的崛起，它僅透過聚焦抑制壓力幫助女性獲得加薪。我們的結果行為是讓女性主動要求並獲得加薪，而不是告訴她們要朝這個方向前進，我們開始有系統地在工作成效和模稜兩可之處排除障礙。

加薪網本質上只是一個大型的瘋狂填詞網站，你只要回答幾個問題，我們就會根據美國勞工統計局（Bureau of Labor Statistics）的數據告訴你，你的薪資低於行情多少。然後我們根據最優薪資建議你要求加薪的百分比（加薪的次數以及會加薪的機率；至少在我們的用戶基數中，要求加薪八%是數學計算而成的最佳結果）。回答幾個問題關於你已經完成和即將要做的事，接著，哇！我們製作一封信，讓你可以列印出來呈交主管、安排會議並攤開事實檢視。接著會有一招針對促發壓力的溫和妥協：我們後續會開始透過電子郵件追縱你的進度，並不斷提醒你確保會議如實完成。上呈文件的女性中，有超過八〇%獲得加薪，而且平均加薪超過七千美元。

這種減少抑制的小幫手格式實際上是一套重覆使用的產品範本。舉例來說，當女性得到兩份工作機會時，通常會選擇薪資比較有把握的那份工作，在包括科技業的某些產業裡，這代表她們往往迴避接受股份，反而贊成拿薪水。這是一大問題，因為你若想在科技圈一夜致富，唯一方法就是在一家大企業裡拿到股份。因此，再一次，我們所建立的網站不過是一具經過美化的計算機，幫用戶計算股份的可預期價值，以便減少風險知覺。我們不追蹤薪水或股票網站（SalaryOrEquity.com）建議的結果（因為我們在本地端執行所有指令，並非頻頻造訪伺服器），但至少在我們打造這項低技術的介入行動之前，我們試驗的結果顯示為正向。

你也可以做同樣的事情增加男性支持女權主義者的數量。幾年前我利用美國薪資調查網站薪距（PayScale）做了一些研究，產出一套我稱為「三一一」的規則：五分之三男性不認為性別歧視屬實（真是一群混蛋）；五分之一男性在全世界和他們所處環境裡都有看到（醒來了）這個現狀；五分之一男性認為，這是全世界的問題，但沒發生在他們自身影響力所及的範圍裡（這是盲點）。

我不知道該對那群混蛋做些什麼，因為他們缺乏基本動機。在研究中，唯一看似可信而有效的方法是生一個女兒，意思是，創業資本家如果生了一個女兒的話，更有可能雇用女性工作夥伴，資金因此產生更佳交易報酬和整體經濟效益。[25]所以，如果你想到任何介入，請不吝指教。

我們可以忽略那些醒過來的男性，因為他們已經正在做我們想要的事；再來，我們還有帶著盲點的男性：他們承認性別歧視是一項問題，卻不太可能主動處理，因為沒發現自己周遭也有問題。這是一道促發壓力或抑制壓力的問題？

兩者皆是。女權倡議網站我問她（IAskedHer.com）鼓勵男性與女性對話，主要聚焦促發壓力。這些女性的情緒（而且可能在身分上）與她們遭受過的性別歧視經歷連結，但目標不是將性別歧視的重擔放在女性身上，而是鼓勵男性主動接觸性別歧視近端案例，以利增加促發壓力。同樣地，試驗相當成功，因為她們挑戰男人的自我認同，好比某人承認性別歧視是一項問題，竟然還是對周遭他人的掙扎抱持著事不關己的漠然態度。

關注性別的網站為何男人參與（WhyMenAttend.com）則是拿研究當基礎，內容是探討男性為何參加或不參加以性別為焦點的活動。在兩種情況下，這項行為同樣取決於促發壓力：去的人認為，參加的話會讓他們變成更好的男人；不去的人……好吧，那就沒變成更好的男人。但是在這兩者背後，其實是一樁簡單的邀請，受邀的男人去了；沒受邀的男人……就沒去了。促發壓力似乎很強大。

但是你若深入研究，邀請真的會增加促發壓力嗎？是的，當然會，但它也減輕抑制壓力。正如那些曾經到場的男性所言，事實就是，活動明確呼籲開放給男性。來自女性的邀請比其他男性的邀請更有效，因為只有女性能夠確立男性到場將會受到歡迎，而非被認為是打擾。這就是小事的力量。不管是薪水或股票、薪距、我問她，還是為何男人參與，這些網站的技術操作全都不難，而且使用開放資料，然而它們都能有效改變行為。你不一定要成為一家坐收十億美元軍費的大型跨國集團才能做出有意義的成就，任何人都可以幫助我們用科學的方式走向更美好的世界。只需聚焦壓力、樂於試驗這兩點。

吃零食的美國大兵

既然我們從M&M's起頭，我覺得拿它收尾再適合不過，但請注意，瑪氏不太認同這則故事的歷史準確性，因此我們姑且把它視為可能是杜撰的說法。

那是發生在一九四一年的事。當時第二次世界大戰正壓垮世界，食物只能採取配給做法，美國政府正在積極鼓勵人們種植「勝利花園」（victory gardens；編按：鼓勵在私人住宅、公園種植蔬菜，減輕戰時食品供給壓力），並儲存殘羹剩飯以保存資源。瑪氏前執行長老佛瑞斯特．瑪氏（Forrest Mars Sr.）、食品商好時（Hershey's）當時小開布魯斯・莫利（Bruce Murrie）致力推廣這項事業，但是採用獨家做法達成：他們的使命是開發一種巧克力，可以納進發放給阿兵哥的口糧配給中也不會融化。但當年時空背景遠在現代溫控之前，因此美軍野戰口糧（Meal, Ready-to-Eat）需要的是能夠囤在倉庫數月或數年的食物，而且必須可口還能提神，對所有品牌來說，這可真是一股巨大的抑制壓力。他們屢試屢敗，像是特意製作走味的巧克力，以免阿兵哥一下子就吃光。

現在M&M's要登場了，發想靈感來自英國製造不會融化的聰明豆。瑪氏在西班牙內戰（Spanish Civil War）期間看到士兵在吃，於是仿效做出M&M's。於是它成為野戰口糧中的實質甜點，美國大兵很快就愛上了。過幾年戰爭結束，突然間不再配給巧克力，糖果消費大爆炸。我們的英雄M&M's會怎麼樣，再也沒有與政府簽約的油水（完全是雙關語的意思），加上市場上還有那麼多巧克力糖果的新進品牌？它們每年賣出的糖果超過七億美元之多，或者將在七十五年後成長至這個數字，因為瑪氏無意中減少對糖果消費的抑制壓力，一般大眾甚至不知道它們有過這段。

在戰爭開打前後，巧克力如此稀有、珍貴，以至於在當時社會中，拿來當零食吃並不是廣泛可被接受的行為〔因此瑪氏在行銷上將原本的瑪氏巧克力棒（Mars Bar）定位成營養豐富的食品〕。雖然在戰後繁榮期，供給寬鬆、社會壓力減弱都是抑制壓力，但是巧克力還是會融化，因此在氣候溫暖的月分，人們就會減少消耗量，這意味著銷量至少狂減至整年度的三分之一，進而形成另一道成本壓力：雖然人們比較有錢，但巧克力還是很貴。加上為了趕在融化前運送到門市，必須在消費地附近生產。這些地點更加有限，因為只有溫控商店可以販售，這些店型在一九四〇年代並不常見。「只融你口，不融你手」的糖果一夜之間消除所有壓抑壓力，突然間你可以在球賽或野餐時吃巧克力。它們最終會融化，但不像競爭對手那麼快，光是這一點就夠強了。

迫使抑制壓力減少相當於掀起一場世界大戰，在美國它改變我們對巧克力的看法。但想像一下，如果當時這本書已經問世，一家巧克力公司也寫好一份行為陳述，並畫出相競壓力的箭頭，那有沒有可能它僅僅聚焦壓力以支配消費，就足以引領現在這門產業風潮，而不是M&M's？我們沒有通量電容器可以讓時光倒流，但這些公司仍然搶先一步確認出壓力，這些卻是其他公司沒能做到的。你初次搭乘優步前，從未為了付款感到不便；你初次在線收看網飛前，從未覺得租片很麻煩；你初次使用交友軟體火種（Tinder）前，從未感受滑手機這麼好玩；你初次嘗試抽電子菸前，吸著加入尼古丁的汽化水，然後像噴火龍一樣冒煙，卻從來不覺得好玩（好吧，也許龍的部分有點好玩吧。你知道我的意思，因為龍真的是有夠厲害啊，但你明白我在說什麼，對吧）。有什麼全新的壓力將帶領你向前躍進？這本書將會協助你找到它嗎？

注釋

1. T. K. MacDonald et al., "Alcohol Myopia and Condom Use: Can Alcohol Intoxication Be Associated with More Prudent Behavior?" *Journal of Personality and Social Psychology* 78, no. 4 (2000): 605–19.
2. Traci Mann and Andrew Ward, "Attention, Self-Control, and Health Behaviors," *Current Directions in Psychological Science* 16, no. 5 (2007): 280–83, https://doi.org/10.1111/j.1467-8721.2007.00520.x.
3. Matthew Wallaert, Andrew Ward, and Traci Mann, "Reducing Smoking Among Distracted Individuals: A Preliminary Investigation," *Nicotine & Tobacco Research* 16, no. 10 (2014):1399–1403, https://doi.org/10.1093/ntr/ntu117.
4. FINRA Investor Education Foundation, "2009 National Survey: Respondent-Level Data, Comma Delimited Excel File," 2010, www.usfinancialcapability.org/downloads.php/.

5. Barbara E. Kahn and Brian Wansink, "The Influence of Assortment Structure on Perceived Variety and Consumption Quantities," *Journal of Consumer Research* 30, no. 4 (2004):519–33, https://doi.org/10.1086/380286.

6. B. Wansink, J. E. Painter, and Y-K Lee, "The Office Candy Dish: Proximity's Influence on Estimated and Actual Consumption," *International Journal of Obesity* 30 (2006): 871–75, https://doi.org/10.1038/sj.ijo.0803217.

7. Laszlo Bock, *Work Rules!: Insights from Inside Google That Will Transform How You Live and Lead* (New York: Hachette, 2015).

8. Rona Abramovitch, Jonathan L. Freedman, and Patricia Pliner, "Children and Money: Getting an Allowance, Credit Versus Cash, and Knowledge of Pricing," *Journal of Economic Psychology* 12, no. 1 (1991): 27–45, https://doi.org/10.1016/0167-4870(91)90042-R.

9. Noam Scheiber, "How Uber Uses Psychological Tricks to Push Its Drivers' Buttons," *New York Times*, April 2, 2017, www.nytimes.com/interactive/2017/04/02/technology/uber-drivers-psychological-tricks.html.

10. Adam D. I. Kramer, Jamie E. Guillory, and Jeffrey T. Hancock, "Experimental Evidence of Massive-Scale Emotional Contagion Through Social Networks," *Proceedings of the National*

Academy of Sciences of the United States of America 111, no. 24 (June 17, 2014): 8788–90, https://doi.org/10.1073/pnas.1320040111.

11. Inder M. Verma, "Editorial Expression of Concern: Experimental Evidence of Massive-scale Emotional Contagion Through Social Networks," *Proceedings of the National Academy of Sciences of the United States of America*, 111, no. 29 (July 22, 2014): 10779, https://doi.org/10.1073/pnas.1412469111.
12. Mike Schroepfer, "Research at Facebook," *Facebook Newsroom*, October 2, 2014, https://newsroom.fb.com/news/2014/10/research-at-facebook/
13. Dan Ariely, Emir Kamenica, and Dražen Prelec, "Man's Search for Meaning: The Case of Legos," *Journal of Economic Behavior & Organization* 67, nos. 3–4 (September 2008): 671–77, https://doi.org/10.1016/j.jebo.2008.01.004.
14. 多虧有三葉草健康公司質化研究員同事泰勒・伯利（Tyler Burleigh）幫我執行這場小型驗證，奠定這套論述的基礎。
15. Margaret Shih, Todd L. Pittinsky, and Nalini Ambady, "Stereotype Susceptibility: Identity Salience and Shifts in Quantitative Performance," *Psychological Science* 10, no. 1 (January 1999):80–83, https://doi.org/10.1111/1467-9280.00111.

16. T. K. MacDonald et al., "Alcohol Myopia and Condom Use."
17. Eric J. Johnson and Daniel G. Goldstein, "Do Defaults Save Lives?" *Science* 302 (November 21, 2003):1338–39, https://ssrn.com/abstract=1324774.
18. Krishna Savani et al., "What Counts as a Choice? U.S. Americans Are More Likely Than Indians to Construe Actions as Choices," *Psychological Science* 21, no. 3 (March 2010): 391–98, https://doi.org/10.1177/0956797609359908.
19. Nicole M. Stephens, Hazel Rose Markus, and Sarah Townsend, "Choice as an Act of Meaning: The Case of Social Class," *Journal of Personality and Social Psychology* 93 (2007): 814–30, https://doi.org/10.1037/0022-3514.93.5.814.
20. J. R. DiFranza et al., "RJR Nabisco's Cartoon Camel Promotes Camel Cigarettes to Children," *Journal of the American Medical Association* 22 (Dec 1991):3149–53.
21. John M. Darley and C. Daniel Batson, "From Jerusalem to Jericho: A Study of Situational and Dispositional Variables in Helping Behavior," *Journal of Personality and Social Psychology* 27, no. 1 (1973): 100–108, https://doi.org/10.1037/h0034449.
22. Richard A. Block, Peter A. Hancock, and Dan Zakay, "How Cognitive Load Affects Duration Judgments: A Meta-analytic Review," *Acta Psychologica* 134, no. 3 (July 2010): 330–43, https://

doi.org/10.1016/j.actpsy.2010.03.006.

23. Kari Watkins et al., "Where Is My Bus? Impact of Mobile Real-Time Information on the Perceived and Actual Wait Time of Transit Riders," *Transportation Research Part A: Policy and Practice* 45, no. 8 (October 2011): 839–48, https://doi.org/10.1016/j.tra.2011.06.010.

24. Karen L. Katz, Blaire M. Larson, and Richard C. Larson, "Prescription for the Waiting-in-line Blues: Entertain, Enlighten, and Engage," *Operations Management* 2 (2003): 160–76.

25. Paul A. Gompers and Sophie Calder-Wang, "And the Children Shall Lead: Gender Diversity and Performance in Venture Capital," Harvard Business School Entrepreneurial Management Working Paper No. 17-103 (May 22, 2017), https://doi.org/10.2139/ssrn.2973340.

國家圖書館出版品預行編目資料

爆品設計法則：微軟行為科學家的產品思維與設計流程／麥特.華勒特（Matt Wallaert）著；吳慕書譯. -- 初版. -- 臺北市：商周出版：家庭傳媒城邦分公司發行，2019.11
面；　公分
譯自：Start at the end : how to build products that create change

ISBN　978-986-477-744-0（平裝）

1. 商品管理　2. 產品設計

496.1　　108016254

新商業周刊叢書　BW0725

爆品設計法則：微軟行為科學家的產品思維與設計流程

原文書名／Start at the End: How to Build Products that Create Change
作　　者／麥特・華勒特（Matt Wallaert）
譯　　者／吳慕書
企畫選書／鄭凱達
責任編輯／鄭凱達
編輯協力／李　晶
版　　權／黃淑敏
行銷業務／莊英傑、周佑潔、王　瑜、黃崇華

總　編　輯／陳美靜
總　經　理／彭之琬
事業群總經理／黃淑貞
發　行　人／何飛鵬
法律顧問／台英國際商務法律事務所　羅明通律師
出　　版／商周出版
台北市中山區民生東路二段141號9樓
E-mail：bwp.service@cite.com.tw
Blog：http://bwp25007008.pixnet.net/blog
發　　行／英屬蓋曼群島商家庭傳媒股份有限公司城邦分公司
台北市中山區民生東路二段141號2樓
24小時傳真服務：(02)2500-1990・(02)2500-1991
服務時間：週一至週五09:30-12:00・13:30-17:00
郵撥帳號：19863813　　戶名：書虫股份有限公司
讀者服務信箱E-mail：service@readingclub.com.tw
歡迎光臨城邦讀書花園　　網址：www.cite.com.tw
香港發行所／城邦（香港）出版集團有限公司
Email：hkcite@biznetvigator.com
電話：(852)2508-6231　　傳真：(852)2578-9337
馬新發行所／城邦(馬新)出版集團【Cite (M) Sdn. Bhd.】
41, Jalan Radin Anum, Bandar Baru Sri Petaling,
57000 Kuala Lumpur, Malaysia
電話：(603)90578822　　傳真：(603)90576622
Email：cite@cite.com.my

封面設計／萬勝安　　內文設計排版／唯翔工作室　　印　　刷／鴻霖印刷傳媒股份有限公司
總　經　銷／聯合發行股份有限公司　　電話：(02)2917-8022　　傳真：(02)2911-0053
地址：新北市231新店區寶橋路235巷6弄6號2樓

■ 2019 年 11 月 5 日 初版1刷　　Printed in Taiwan

城邦讀書花園
www.cite.com.tw

ISBN　978-986-477-744-0

定價／400元　